DAS GROSSE MZ BUCH

DIE KOMPLETTE GESCHICHTE

Frank Rönicke

Motor buch Verlag

Einbandgestaltung: Sven Rauert
Titelfotos: Deutsche Fotothek

Bildnachweis: Siehe Anhang.

Eine Haftung des Autors oder des Verlages und seiner Beauftragten für Personen-, Sach- und Vermögensschäden ist ausgeschlossen.

ISBN: 978-3-613-04708-2

1. Auflage 2021
2. Auflage 2024

Sie finden uns im Internet unter www.motorbuch-verlag.de

Lektorat: Joachim Kuch
Innengestaltung: Anna Kurz, tebitron GmbH, Gerlingen
Druck und Bindung:Conzella, 85609 Aschheim-Dornach,
Printed in Germany

Inhalt

Vorwort

Die einst größte Motorradfabrik der Welt, das 1907 vom Dänen Jörgen Skafte Rasmussen gegründete DKW-Werk in Zschopau, wurde auf Befehl der sowjetischen Besatzer von Juli 1945 bis April 1946 vollständig demontiert und in die Sowjetunion verschickt. Für erste Reparatur- und Produktionsaufträge war der Betrieb vorübergehend ins benachbarte Wilischthal verlagert worden. Von dort zog man mit der Genehmigung, wieder Motorräder bauen zu dürfen, Anfang 1950 ins ehemalige DKW-Werk zurück. Seit 1948 gehörte der Betrieb der Industrie-Verwaltung Fahrzeugbau (IFA) an.

Unter dem Markennamen IFA wurde dann auch 1950 mit der Produktion der legendären, zuletzt bei DKW entwickelten und noch 1940 in Serie gegangenen RT 125 begonnen. Mit dem Serienstart der neuen Vollschwingen-Modelle ES 250 und ES 175 und der gleichzeitigen Einführung des neuen Markennamens MZ im Jahre 1956 hatte sich die Motorradschmiede im Dischautal von ihrer Vorgängerin freigeschwommen. Und die Wirtschaftsverhältnisse in der DDR sorgten zusammen mit einem sehr hohen Exportanteil dafür, dass im Osten Deutschlands die Motorradkonjunktur erst so richtig aufzublühen begann, als im Westen bei den meisten Herstellern die Lichter schon längst ausgegangen waren.

Aber trotz stetig steigender Produktionszahlen war längst nicht alles Friede-Freude-Eierkuchen im sächsischen – und insgesamt ostdeutschen – Motorradbau. Nach dem Wegfall der Motorradproduktionen in Eisenach und Suhl war nun Monotonie angesagt, die 1970 mit der Gründung des Kombinates für Zweiradfahrzeuge, zum Ärger der Zschopauer mit Sitz in Suhl, manifestiert wurde. Einzylinder-Zweitaktmotorräder mit maximal 250 cm^3 Hubraum waren nun alles, was bis 1990 an serienmäßigen, motorisierten Zweirädern aus der DDR kam. In den Folgejahren versuchten Konstrukteure und Ingenieure trotz wirtschaftlicher und politischer Hemmnisse bestmögliche Resultate

zu erzielen. Viele von ihnen resignierten aber schon Mitte der siebziger Jahre, als längst alles begonnen hatte, »seinen sozialistischen Gang« zu gehen.

Dabei hatte MZ wenigstens gelegentlich die Möglichkeit neue Modelle einzuführen und so dem totalen Frust, wie etwa im PKW-Bau, zu entgehen. In ihren Klassen, die freilich international immer weniger gefragt waren, konnten die ostdeutschen Konstrukteure dem Weltmaßstab durchaus Paroli bieten. Aber wer wollte 1990 im Westen noch ein 250er Zweitakt-Motorrad kaufen? Und über Nacht lag auch die DDR plötzlich im Westen.

Dass die Motorradbauer in Zschopau nach der Wende mit wenig konkurrenzfähigem Material dastanden, war auch das Resultat der Tagung »Fortschritte im Motorradbau« in Zwickau im Sommer 1985. Denn was dort festgelegt wurde, hatte mit Fortschritt herzlich wenig zu tun: Beibehaltung der Einzylinder-Zweitakt-Technik und der Grundkonzeption der Fahrwerke. Lediglich kosmetische Retuschen »zur Verbesserung des ästhetischen Gesamteindrucks« waren fortan zugelassen. Damit blieben neue Konstruktionen in den Schubladen liegen und konnten erst nach der Wende und damit viel zu spät zum Teil realisiert werden.

Trotz alledem muss man heute würdigen, was Motorradbauer im Osten Deutschlands unter unsäglich schwierigen Bedingungen nach dem Zweiten Weltkrieg wieder auf die Räder stellten. Wo aus zuvor demontierten und zum Teil völlig zerstörten Werksanlagen wieder Motorräder rollten. Wo »Rucksackträger« fehlende Montageteile aus dem Westen »importierten«. Wo eine faktisch nicht vorhandene Zulieferindustrie erst aus dem Boden gestampft werden musste und wo ständig gen Westen abwanderndes Fachpersonal zu ersetzen war.

Frank Rönicke

DKW SB 500 Luxus von 1937

Die Vorgeschichte - DKW

Die Vorgeschichte - DKW

Der dänische Ingenieur Jörgen Skaffte Rasmussen, der, 26jährig, mit einem Freund 1904 in Chemnitz die Firma »Rasmussen & Ernst GmbH« gegründet hatte, erwarb drei Jahre später im Dischautal bei Zschopau eine stillgelegte Tuchfabrik, um dort seine Produktionskapazitäten zu erweitern. Die Firma stellte hauptsächlich Dampf- und Wasserarmaturen für die Industrie her. Doch der begeisterte Kraftfahrer Rasmussen hatte schnell die Bedeutung der aufkommenden Motorisierung erkannt und wollte auf jeden Fall auch von dieser Entwicklung profitieren. Während des Ersten Weltkrieges stellte man in Zschopau Granatzünder her, beschäftigte sich aber auch mit der Entwicklung von Automobilen mit Dampfantrieb. Nach den Plänen des dänischen Ingenieurs Matthiesen entstanden Prototypen so genannter Dampfkraftwagen, die den Zschopauern außer dem künftigen Markennamen DKW nichts weiter einbrachten.

Der Fahrrad-Hilfsmotor

Andere Wege, die man mit dem Apoldaer Konstrukteur Hugo Ruppe einschlug, brachten ab 1918 mehr Erfolg für das sächsische Unternehmen. Sein als Spielzeugmotor ausgelegter Zweitakter (DKW jetzt Des Knaben Wunsch) konnte in einer größeren Ausführung mit liegendem Zylinder 1919 als erster Stationärmotor von Rasmussen angeboten werden. Der Motor taugte auch zum Fahrrad-Hilfsmotor mit 118 ccm und 1 PS Leistung, der ab 1920 serientauglich war. Dank Rasmussens perfekter Werbestrategie kam am Jahresende schon der 20 000. Motor mit der Bezeichnung »Das Kleine Wunder« (so die neue Interpretation des Markennamens DKW) aus den Hallen und an die Rahmen verschiedenster Hersteller.

Die Motorradfertigung beginnt

Das Jahr 1922 war dann ein entscheidender Wendepunkt für DKW. Der 28jährige Österreicher Carl Hahn wurde für Vertrieb und Marketing, der Chemnitzer Jungingenieur Hermann Weber als Konstruktionsleiter eingestellt. Beide sollten in den folgenden zwei Jahrzehnten das Gesicht der Marke DKW nachhaltig prägen. Und mit dem »Reichsfahrtmodell« markierte das Jahr 1922 auch offiziell den Beginn der Motorradfertigung in Zschopau. Dass man bei DKW mit allen Neuentwicklungen grundsätzlich dem Zweitaktprinzip treu blieb, muss an dieser Stelle vielleicht noch einmal ausdrücklich erwähnt werden.

1907 erwarb Jörgen Skaffte Rasmussen diese stillgelegte Tuchfabrik im Dischautal, in der Nähe von Zschopau.

Meister Alois Putz schraubt in Zschopau an einem Dampf-Kraft-Wagen (DKW). Die Aufnahme entstand etwa 1917.

Mit Hugo Ruppes Fahrrad-Hilfsmotor (im Volksmund »Arschwärmer« genannt) begann bei DKW die Fahrzeugmotorisierung mit zwei Takten.

1922 wurde bereits der 20.000. Hilfsmotor ausgeliefert. Zu dieser Zeit konnte er auch schon an eigene, bei DKW gefertigte, Fahrgestelle angebaut werden. (Foto: Rasmussen GmbH)

Das »Reichsfahrtmodell«, ab 1922 in verschiedenen Ausführungen montiert, begründete den Motorradbau in Zschopau.

Motorradmontage in Zschopau 1923: Im Vordergrund das Reichsfahrtmodell, links das noch getriebelose Zschopauer Leichtmotorrad ZL. Die Maschinen wurden weiterhin auf feststehenden Montageböcken zusammengeschraubt

Eine ausgeklügelte Vertriebsstrategie sicherte eine enorme Absatzsteigerung, die schon 1924 zum 50 000. DKW-Motorrad führte. Für die damalige Zeit ein großer Erfolg. Zu einem solchen wurde auch die 1926 auf den Markt gebrachte E 206. Sie war das erste DKW-Motorrad mit Mittelständer – und das erste deutsche Motorrad, das auf einem Fließband montiert wurde.

Die größte Motorradfabrik der Welt

Die Zschopauer konnten bald eine ungeheure Vielfalt anbieten; vom simpelsten und billigsten Volksmotorrad bis zur luxuriösen Zweizylinder-Sportmaschine. Alles Voraussetzungen für ein Superlativ aus dem Erzgebirge: Mit 40 000 produzierten Motorrädern avancierte DKW 1928 zur erfolgreichsten Motorrad-Marke der Welt.

Doch dann kam die Weltwirtschaftskrise: Hatten die Zschopauer 1929 noch 60 000 Motorräder gebaut, waren es zwei Jahre später nur noch gut 20 Prozent davon. Dennoch blieb DKW weiterhin der führende deutsche Motorradhersteller. Das Konzept, billige Allerweltsmotorräder herzustellen, aber dennoch technisch innovativ zu sein, ging auch weiterhin auf. Die Umkehrspülung nach dem Prinzip Schnürle revolutionierte zu Beginn der 1930er Jahre gar den Zweitaktmotorenbau und machte DKW durch einen geschützten Lizenzvertrag erst recht konkurrenzlos.

Die Umkehrspülung

1924 erhielt die Firma Klöckner-Humboldt-Deutz-AG das Deutsche Reichspatent auf ein neues, von Dr. Adolf Schnürle entwickeltes Umkehr-Spülverfahren für Zweitakt-Dieselmotoren. Neu an diesem Verfahren war die Lage der Spülschlitze – wie die der Auslassschlitze – am unteren Kolbentotpunkt, symmetrisch zum Auslass.

Der Nürnberger Dr.-Ing. Herbert Venediger hatte in seiner Dissertation die Möglichkeit angedeutet, dass das Schnürle-Patent auch auf schnelllaufende Otto-Zweitaktmotoren anwendbar sein könnte. 1930 bekam Rasmussen diese Schrift in die Hand, engagierte Venediger als Leiter der Entwicklungsabteilung und konnte in Verhandlungen mit Deutz die Übertragung einer Alleinlizenz der Schnürle-Spülung für Ottomotoren erreichen.

Laut Dr. Venediger brachte die Umkehrspülung gegenüber der bis dahin verwendeten Querstromspülung mit Ablenkkolben (»Nasenkolben«) folgende Vorteile:

- Wesentliche Erhöhung der Hubraumleistung
- Beträchtliche Senkung des Kraftstoffverbrauchs
- Möglichkeit zur Erhöhung der Verdichtung
- Möglichkeit zur Erhöhung der Drehzahl (leichter Kolben)
- Erhöhung der Laufruhe durch geringeres Kolben-Laufspiel
- Längere Lebensdauer der Motoren, längere Service-Intervalle
- Günstigere Getriebeabstufungen und Entlastung des Getriebes
- Verbesserung des Leerlaufverhaltens
- Möglichkeit der Vergrößerung des Zylinderhubraums

Noch 1924 konnte das neue Hauptverwaltungsgebäude am Rande des Zschopauer Werksgeländes bezogen werden.

Mit der Einführung der Steuer- und Führerscheinfreiheit ab 1. April 1928 war der jetzt E 200 genannte Typ LM die 200er der ersten Stunde auf dem deutschen Markt.

So stellten sich die Zschopauer Motorenwerke nach 1928 auf ihrem Briefkopf vor.

Dr. Adolf Schnürle (24. Mai 1897 – 10. November 1951) war der Wegbereiter des modernen Zweitaktmotors mit Flachkolben.

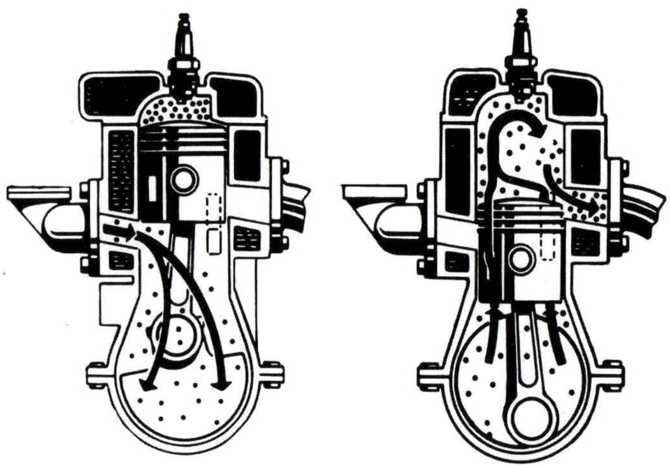

Nach dem Prinzip der Umkehrspülung mit Flachkolben und drei Kanälen arbeiteten Zschopauer Zweitaktmotoren sechs Jahrzehnte lang.

Von besonderer Bedeutung war auch die Möglichkeit der Erhöhung der Spitzen- und Dauerleistung der Motoren, da durch die geringere thermische Belastung die Drehzahlgrenze nach oben verschoben werden konnte.

Mit der neuen Umkehrspülung waren die DKW-Zweitakter mit einem Schlag der gesamten Zweitakt-Konkurrenz um Längen überlegen.

Auch die MZ-Zweitakter folgten noch Jahrzehnte lang diesem Spülsystem.

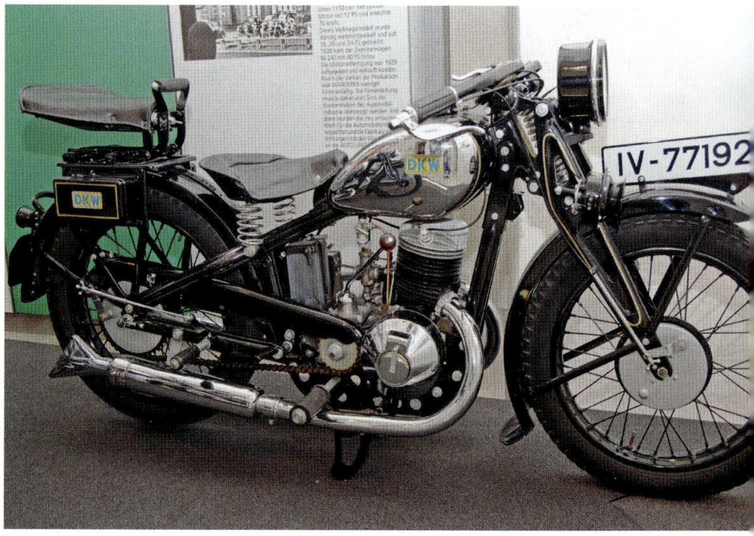

Die Block 350 von 1931 markierte einen Wendepunkt in der DKW-Zweitakttechnik. Die ersten Maschinen dieses Typs hatten noch eine Querstromspülung mit Membraneinlass; nach 758 gebauten Exemplaren wurde auf die neue Umkehrspülung umgestellt.

Kurzporträt: Jørgen Skafte Rasmussen

J. S. Rasmussen wurde am 30. Juli 1878 als zweites Kind des Schiffskapitäns Rasmussen und seiner Frau (geborene Skafte) in Nakskow, Dänemark geboren. Nach Schulbesuch in seiner Heimatstadt und anschließender Lehrausbildung in Maschinenfabriken in Kopenhagen und Nykøbing kam er vor der Jahrhundertwende nach Deutschland, um am Technikum Mittweida Maschinenbau und Elektrotechnik zu studieren (1898-1900). Er schloss sein Studium dort nicht ab, sondern wechselte auf die Ingenieurschule in Zwickau. Dort legte er die Prüfungen zum Ingenieur ab. Nach Abschluss des Studiums blieb er in Sachsen und gründete mit einem Freund Ende 1902 die Firma Rasmussen & Ernst, die im Dampfmaschinenarmaturen- und Apparatebau tätig war. Das Unternehmen expandierte und Rassmussen erwarb eine stillgelegte Textilfabrik in Zschopau. Am 10. September 1904 heiratete Jørgen Skafte Rasmussen in Chemnitz die Kaufmannstochter Theresie Liebe. Aus dieser Ehe gingen vier Kinder hervor. Tochter Ilse wurde 1905, die Söhne Hans Werner Skafte, Ove Skafte und Arne Skafte wurden 1906, 1910 und 1912 geboren.

Im Ersten Weltkrieg produzierte die Fabrik Rüstungsgüter und experimentierte mit Dampfkraftwagen. Rasmussen lernte nach Kriegsende den Zweitaktpionier Hugo Ruppe kennen und vermarktete einen von

Dieses Porträtfoto von Jørgen Skafte Rasmussen stammt aus dem Jahre 1906.

diesem entwickelten kleinen Zweitaktmotor als Spielzeug- und später Fahrrad-Hilfsmotor. Bald wurden komplette Motorräder und schließlich (1928) Autos unter der Marke DKW produziert. Rasmussens Unternehmensgruppe wuchs innerhalb weniger Jahre vom mittelständischen Betrieb zum Großkonzern. DKW wuchs zur größten Motorradfabrik der Welt. Rasmussen engagierte sich auch im Flugzeugbau (Erla-Flugzeugwerke) und in der Kühlschrankproduktion. 1929 wurde der erste europäische Kühlschrank von seinen Technikern entwickelt und im Werk Scharfenstein produziert. Inzwischen waren viele westsächsische Betriebe gegründet bzw. dem Rasmussen-Imperium angegliedert worden, wie z. B. das Framo-Werk in Frankenberg (1923), die Schüttoff-Werke (1928) und Audi in Zwickau (1928).

Die Weltwirtschaftskrise von 1929 traf die Unternehmen Rasmussens hart. Nach der Gründung der Auto Union war J. S. Rasmussen von 1932 bis 1934 deren Vorstandsmitglied. Differenzen mit anderen Vorstandsmitgliedern führten zum Ausscheiden aus dem Konzern.

Er verließ Zschopau und erwarb ein Anwesen in Sacrow bei Potsdam, das die Familie bis 1945 bewohnte. 1945 floh er mit seiner Frau nach Flensburg und ging 1947 wieder nach Dänemark. Seit 1948 lebte er in Hareskovby. Dort baute er in den 1950er-Jahren Motorräder unter dem Namen DISA. Nach seinem 75. Geburtstag übersiedelte er mit seiner Frau nach Kopenhagen, wo er am 12. August 1964 starb.

Rasmussen (Mitte) an seinem 50. Geburtstag am 30 Juli 1928. Ganz links Motorradfabrikant Arthur Schüttoff, rechts neben Rasmussen der technische Direktor des DKW-Werks in Spandau Dr. Slaby. Dazu der P 15, das erste Serienautomobil von DKW.

Mit 80 Jahren konnte Jørgen Skafte Rasmussen auf ein bewegtes und sehr erfolgreiches Leben zurückblicken. Vor ihm der erste, 18 cm^3 kleine, Zweitaktmotor, der 1918 ganze 0,25 PS leistete.

Die vier ineinander verschlungenen Ringe standen für die vier in der AUTO UNION aufgegangenen Marken DKW, Audi, Horch und Wanderer.

Die Auto Union

Dennoch konnte der Weg aus der Krise nur durch eine Konzentration der Kräfte im westsächsischen Raum gefunden werden. So betrieb die Sächsische Staatsbank den Zusammenschluss der Kraftfahrzeughersteller Horch und Audi (gehörte schon zu DKW) in Zwickau, DKW in Zschopau und Wanderer (Automobilabteilung) in Chemnitz. Es entstand einer der größten deutschen Fahrzeughersteller – die Auto Union. Markenzeichen wurden die noch heute von Audi her bekannten, vier ineinander verschlungenen Ringe, die die vier beteiligten Firmen symbolisieren sollten.

Es ging wieder aufwärts und nicht zuletzt die Einführung der RT 100 für nur 333 RM ließ die Produktion erneut stark anwachsen und den DKW-Zulassungsanteil in Deutschland auf konstant über 30 % stehen. Rasmussen selbst konnte am Erfolg seiner Marke allerdings nicht mehr teilhaben: Nach ständigen Querelen mit den von den Banken eingesetzten Vorständen schied er 1934 aus dem Unternehmen aus.

Die Bezeichnung RT für »Reichstyp« setzte DKW ab 1934 zunächst bei der RT 100 ein. Der Nachfolger RT 3 PS (Foto) war ab 1936 mit fast 62 000 Exemplaren die meistverkaufte DKW bis 1945.

Ein glattflächiger Antriebsblock, die Fußschaltung mit Vierganggetriebe oder der Zentralkastenrahmen waren u. a. markante Konstruktionsdetails der neuen NZ-Modelle ab 1938. Im Bild die NZ 350.

Der Krieg beschert das Ende

Die ab 1938 erscheinenden NZ-Typen setzten völlig neue Maßstäbe im Motorradbau und DKW hatte sich den Titel als weltgrößte Motorradfabrik inzwischen wieder zurückerobert. Im Kriegsjahr 1940 geht die letzte und wohl genialste Neuschöpfung Webers, die RT 125 zwar noch in Produktion, um im Jahr darauf aber wichtigeren Rüstungsgütern Platz zu machen. 1942 wird die zivile Motorradfertigung gänzlich eingestellt. Die NZ 350 und schließlich auch die RT 125 kehrten aber im militärischen Gewand ab 1943 / 44 wieder auf die Montagebänder zurück. Bekanntermaßen konnten auch die robusten Zweitakter den Kriegsverlauf nicht mehr ändern und in den ersten Maitagen des Jahres 1945 setzte sich der gesamte Vorstand der Auto Union, vor den heranrückenden Russen fliehend, in den Westen ab. Dies schafften DKW-Werkdirektor Hoffmann und Chefkonstrukteur Weber nicht; mitsamt den komplett demontierten Produktionseinrichtungen wurden sie in die Sowjetunion abtransportiert. Hermann Weber sah Deutschland nicht mehr wieder.

Erfolge im Motorsport

Zwischen den beiden Weltkriegen war die Zschopauer DKW-Armada auf deutschen und internationalen Rennstrecken gefürchtet. Viele Jahre lang waren die Ladepumpen-Rennmaschinen zwischen 175 und 350 ccm, sowie die 500er und 600er Gespanne kaum zu schlagen. DKW holte sich insgesamt neun Europameister-Titel, die seit der Saison 1938 Weltmeister-Status hatten. DKW-Fahrer wie Arthur Geiss, Walfried Winkler oder Ewald Kluge wurden in dieser Zeit zu Idolen der Massen. Was den Motorrad-Standort Zschopau betrifft, verhält es sich beim Geländesport ähnlich wie bei den Straßenrennern: DKW hinterließ auch hier eine Tradition, die im Gewinn der Silbervase 1935 und der Trophy 1939 (zusammen mit BMW) bei den Sechstage-Rennen gipfelte.

Die DKW ARe 175 Für die Saison 1927 mit abnehmbarem Zylinderkopf, Sturmey-Archer- oder Hurth-Getriebe mit drei Gängen und einem Lenkungsdämpfer.

Die RT 125 war als letzte zivile Entwicklung gleichzeitig ein echter Meilenstein der Motorradgeschichte. 1940/41 wurden noch 21 000 Maschinen gebaut.

Mit der UL 350, der Zweizylinder-Maschine mit Doppelkolben und Ladepumpe, hatte DKW 1938/39 eine nahezu unschlagbare Maschine in dieser Klasse.

Als RT 125-1 noch 1943/44 für die Wehrmacht gebaut, konnte die kleine Zschopauerin das Ende der Träume vom Endsieg nicht verhindern.

Die letzte Rennmaschinenentwicklung vor dem Krieg, die Vierkolben-Kompressormaschine US 250 in der ersten Ausführung von 1939.

Die Gewinner der Silbervase bei der Internationalen Sechstagefahrt 1935 v.l.n.r.: Walfried Winkler, Arthur Geiss und Ewald Kluge. Die Straßenrennmaschine SS 250 wurde unter anderem mit Schutzbügeln an Kühler und Ladepumpe geländetauglich gemacht.

Die IFA BK 350 gilt heute als Ikone des Zschopauer Motorradbaus nach 1945.

RT 125 und BK 350

RT 125 und BK 350

Als bedeutendem Rüstungsunternehmen während des Zweiten Weltkrieges war die Zukunft der Auto-Union-Werke nach der Niederlage und dem Einmarsch der Sowjets besiegelt: Auch das Zschopauer Motorradwerk war bis auf den letzten Lichtschalter demontiert worden und entging nur knapp der Sprengung. Reste der Belegschaft begannen 1947 in einem DKW-Zweigwerk in Wilischthal mit einer bescheidenen Produktion von allerlei Hauswirtschaftsgütern; sie reparierten aber auch Fahrzeuge und Eisenbahnwaggons. Natürlich kam der Wunsch auf, auch wieder Motorräder bauen zu dürfen. Da die alliierten Besatzungsmächte in Deutschland kurzzeitig eine Obergrenze von 60 cm^3 Hubraum für neue Motorräder verfügt hatten, konstruierten die Sachsen ein Kleinmotorrad mit Zweitaktmotor und angeflanschter Ladepumpe, Kardanantrieb (wegen der fehlenden Ketten – ein noch Jahre währendes Problem) Pendelgabel und Hinterradschwinge. Ein Prototyp wurde auf der Leipziger Frühjahrsmesse 1948 gezeigt und anschließend eingemottet, da das Hubraumlimit wieder aufgehoben worden war.

Blick in den schmalen Werkshof. Um die alten Gebäude der Anfangszeit waren nach und nach moderne Hochbauten errichtet worden.

L 60 nannten ihre Schöpfer diese kleine Maschine, wobei das L für Ladepumpe und die 60 für den zu dieser Zeit von den Alliierten begrenzten Hubraum standen.

Das DKW-Werk, wie es sich am Ende durch das schmale Tal der Dischau schlängelte, entging nach dem Zweiten Weltkrieg nur knapp der Sprengung.

Die RT 125

Aus der RT 100 heraus konstruierte Hermann Weber als Letzte seiner Schöpfungen ein leichtes Gebrauchsmotorrad, das voll in der von Rasmussen geprägten DKW-Tradition stand und nach dem Krieg zum meistkopierten Zweirad aller Zeiten wurde. Während sich das Fahrwerk noch sehr an die schwächere RT 3 PS anlehnte, war der Motor eine völlige Neukonstruktion, bei der viel Wert auf die äußere Gestalt gelegt worden war. Aber auch die inneren Werte mit der in der Versuchswerkstatt entstandenen Fußschaltung – waren Stand 1939 – der Höhepunkt der Zweitaktmotoren-Entwicklung für Serienmotorräder. Leider ließ der

Krieg keine große Verbreitung der zivilen RT 125 mehr zu. Für den Kriegseinsatz kam die Maschine dann 1943/44 als RT 125-1 doch noch zu größeren Stückzahlen. Ein Grauguss-Triebwerksgehäuse (Rohstoffmangel), eine Schraubenfeder statt des Gummizuges an der Gabel, ein in der Form geänderter Scheinwerfer und Tank sowie ein 13er Kettenritzel für mehr Zugkraft blieben die einzigen Änderungen gegenüber der zivilen Ausführung. Von der einfachen, militärischen Lackierung abgesehen.

Kurzporträt: Hermann Weber

Hermann Ferdinand Weber wurde 1896 in Chemnitz geboren. Nach dem Besuch der dortigen Oberrealschule volontierte er 1913/14 zunächst bei der Chemnitzer Maschinenfabrik Escher und anschließend bei den Chennitzer Wanderer-Werken, wo er seine erste Berührung mit Motorrädern hatte. Sein kurz nach Beginn des Ersten Weltkriegs 1914 Begonnenes Maschinenbaustudium an der Staatlichen Gewerbeakademie seiner Heimatstadt musste er für zwei Jahre Kriegsdienst unterbrechen und beendete es deshalb erst 1921 als Maschinenbau-Ingenieur.

Schnittmodell des RT 125-Motors, der nahezu unverändert auch in den ersten Nachkriegsmaschinen der IFA seinen Dienst tat.

Hermann Weber (1896 – 1948) war eine der wichtigsten, wenn nicht die wichtigste Person des DKW-Konzerns bis 1945.

Am 1.April desselben Jahres erhielt er eine Stellung in Rasmussens Zschopauer DKW-Werken – es sollte die einzige seines ganzen Lebens sein! Denn er begann als Konstrukteur, wurde später Chefkonstrukteur und als Oberingenieur auch verantwortlich für die gesamte Entwicklung, auch der der Rennabteilung. Das alles bedeutete für ihn nicht lediglich Arbeiten am Reißbrett, sondern auch gleichermaßen praktischen Einsatz auf den Prüfständen wie als (erfolgreicher) Rennfahrer auf DKW-Maschinen. Letzteres »Hobby« gab er erst auf Drängen seiner Frau auf, mit der er fünf Kinder hatte.

Rasmussen hatte tausende von Mitarbeitern in seinen verschiedenen Werken, darunter viele hervorragende Facharbeiter und Techniker. Keiner aber war für ihn und das DKW-Werk Zschopau so wichtig wie Hermann Weber. Denn der war es, der vom Reichsfahrtmodell aufbauend über Jahrzehnte Rasmussens Ideen vom »Volksmotorrad« in die Praxis umsetzte, der aber zu diesen beliebten Straßenmodellen auch die Rennmaschinen und ihre Motoren schuf. Dazu das große Programm der stationären und nicht zuletzt der DKW-Automobilmotoren – durchweg Zweitakter, mit denen es schon 1919 in Zschopau begonnen hatte.

Hermann Weber aber war nicht nur ein ausgezeichneter Fachmann. Er war ein ruhiger, bescheidener Mann, der sowohl engen Kontakt zu Rasmussen hatte, aber auch ein hohes Ansehen bei seinen Mitarbeitern genoss.

Als der Zweite Weltkrieg zu Ende war und das Werk DKW wie alle anderen Werke der Auto Union von den Russen demontiert wurde, wurde Hermann Weber in einer Nacht- und Nebelaktion von den Sowjets »dienstverpflichtet« und mit zehn Kollegen (einschließlich des Werkdirektors) hinter den Ural zum Aufbau einer Motorradfabrik verbracht. Sie sind nach einigen Jahren in die Heimat zurückgekehrt – ohne Hermann Weber, der am 23.Februar 1948 in Kasan verstarb. Jede Erinnerung an DKW ist mit seinem Namen eng verbunden.

Hermann Weber zog sich zwar Mitte der 1920er Jahre aus dem Rennsport zurück, blieb aber leidenschaftlicher Motorradfahrer und vor allem Testfahrer seiner eigenen Entwicklungen (hier der Luxus 500 von 1930).

DKW-IFA RT 125

In Zschopau ging es nun an die Wiederaufnahme der RT-Fertigung, nachdem das alte DKW-Modell zeitgemäß, aber für eine 125er sehr fortschrittlich, technisch aufgewertet worden war.

Im Frühjahr 1949 erschien die RT 125 also wieder anlässlich der Leipziger Messe. Da steckte man aber noch in der Prototypenfertigung; in Serie ging die Maschine, die nun – entgegen dem früheren DKW-Modell – über eine Telegabel und eine ungedämpfte Geradweg-Hinterradfederung verfügte, erst im März 1950. 15 DKW RT 125, wie die Maschine immer noch hieß, verließen in diesem Monat das Werk; bis zum Jahresende waren es immerhin 1700. Trotzdem blieb man weit von den Planvorgaben entfernt,

Im Gegensatz zur Weberschen Konstruktion wartete die erste DKW IFA RT 125 sowohl mit einer Telegabel als auch mit einer Geradweg-Teleskopfederung auf.

Für den Export gab es Sonderlackierungen und am Tank die IFA-Raute innerhalb des ehemaligen DKW-Symbols.

aber wie sollte trotz Arbeitszeitverlängerung und Sonderschichten die Stückzahl erhöht werden, wenn die Rucksackträger mit der Lieferung von Kugellagern, Speichen und Antriebsketten aus dem Westen nicht nachkamen? Außerdem konnten die nach Russland abtransportierten Produktionseinrichtungen nur sehr schwer ersetzt werden.

1951 zur DKW-IFA RT 125 geworden und ein Jahr später gekürzt in IFA RT 125 umbenannt, blieb die Maschine mit den Leistungsdaten des Vorkriegsmodells bis 1954 nahezu unverändert. In dieser Zeit kamen insgesamt fünf Tankembleme, angefangen mit dem originalen Auto-Union-DKW-Zeichen, das dann einige Modifikationen mit den IFA-Buchstaben erfuhr, zum Einsatz. Denn einerseits war das Zschopauer Werk, wie die meisten anderen ehemaligen Auto-Union-Betriebe, in die IFA (Industrieverwaltung Fahrzeugbau) integriert worden, andrerseits behielten diese Firmen vorläufig noch ihre alten Markennamen.

IFA RT 125/1

1954 änderte sich die Typenbezeichnung in RT 125 / 1, da der Rahmen nun nicht mehr geschweißt, sondern gemufft und verlötet wurde, verschiedene Verbesserungen an Motor und Getriebe, die Leistung von 4,75 auf 5,5 PS steigen ließen, und erstmals der später berühmte, patentierte Kettenschutz (Kette vollständig in einem Kunststoff-Gummi-Gehäuse gekapselt) zum Einsatz kam.

Es gab mehrere Varianten, die versuchten, das alte DKW-Symbol mit der neuen IFA-Raute zu kombinieren.

MZ RT 125/2

Zwei Jahre später, Anfang Januar 1956, erschien der Dauerbrenner mit einer verbesserten Geräuschdämpfung und weiter gesteigerter Motorleistung (6 PS) nun als MZ RT 125 / 2. Bis dahin hatten nach 1945 mehr als 64 000 RT 125 die Zschopauer Werkhallen verlassen. 1958 erhielt die /2 Vollnabenbremsen.

An der IFA RT 125/1 war erstmals der patentierte und aus Hartgummi bestehende Kettenschutz zu sehen, der die vielleicht überhaupt wichtigste Erfindung der Zschopauer Motorradbauer nach dem Krieg war.

Von IFA zu MZ

6,5 Millionen Mark, so rechnete MZ später nach, kostete die Einführung des neuen Warenzeichens, das die Motorräder aus dem Erzgebirge ab 1956 trugen. Den Aufwand betrieb man hauptsächlich, um Exportkunden davon zu überzeugen, dass der neue Markenname »MZ« (Motorradwerk Zschopau), mit der stilisierten Vorderradschwinge als Markenzeichen, altbewährte Tugenden Zschopauer Motorräder weiterhin in sich vereinte.
Andererseits trennten sich die sozialistischen Betonköpfe nur zu gern endgültig von den Marken aus kapitalistischer und nationalsozialis-

Dieses Logo leitete eine neue Ära im Zschopauer Motorradbau ein. Als »MZ-Schwinge« sollte es vor allem den neuen ES-Typen als Symbol dienen.

Der Motor der RT 125/2 leistete nun 6 bis 6,3 PS und mit dem Markenwechsel mutierte die IFA RT 125 zur MZ RT 125.

1958 führte MZ für die RT 125/2 Vollnaben-Bremstrommeln ein. Die RT-Grundmodelle wurden immer ohne Soziussitz und Gepäckträger ausgeliefert.

tischer Vergangenheit. Fast gleichzeitig verschwanden die Namen Horch, Audi und DKW im westsächsischen Raum.

MZ 125/3

Die unverwüstliche RT 125 durfte sogar noch ihren dritten Frühling erleben: Als MZ 125 / 3 ging sie 1959 mit minimaler Leistungssteigerung und vier Getriebegängen erneut ins Rennen. Frische Farben, eine überarbeitete Optik und wahlweise eine Sitzbank hielten die Nachfrage weiter auf hohem Niveau.

1962, mit der Einführung der ES 125 / 150 war dann aber nach insgesamt 261 800 Nachkriegs-Maschinen doch Schluss mit der guten, alten RT. Fast jedenfalls.

RT 125/4

1964 bis 1966 legte MZ nochmal eine Sonderserie von am Ende 4.904 Maschinen mit der Bezeichnung RT 125 / 4 auf. Grund war die Nichtakzeptanz in einigen Exportländern, unter anderem der Schwingenfahrwerke und des starren, nicht mitlenkenden Scheinwerfers beim Nachfolgemodell ES 125. So wurden für Iran, Thailand und Guinea Motoren, Auspuffanlage und Rücklicht der ES 125 in das RT-Fahrgestell mit Telegabel und Geradweg-Teleskopfederung montiert. Immer wieder wurden in den drei Baujahren weitere Änderungen an den Motorrädern vorgenommen. Trotzdem – speziell in Thailand standen die Maschinen am Ende lange auf Halde, eine 125er Honda war inzwischen das eindeutig modernere Motorrad.

Der Parteiauftrag

Ein Motorrad mit Boxer-Motor und Kardanantrieb – das klang verheißungsvoll und ließ die sonst so zögerlichen Wirtschaftslenker in der Frühzeit der DDR schon auf einer BMW-Wolke schweben.

Noch Ende 1949 kam der Vorschlag aus Zschopau, ein Motorrad mit Zweizylinder-Zweitakt-Boxermotor und Kardanwelle zu bauen. Und ungewöhnlich schnell kamen Genehmigung und Auftrag von der

Äußerlich war die neue MZ RT 125/3 durch die Lenkerabdeckung gekennzeichnet; technisch hob sie sich durch ein neues Viergang-Getriebe von den Vorgängern ab.

Detailaufnahmen der RT 125/3, unter anderem mit dem MZ-typischen Kettenschutz. Mit der /3 waren Motor, Fahrwerk und Optik der alten Weberschen Konstruktion endgültig ausgereizt.

Die RT 125 konnte später auch wahlweise mit einer durchgehenden Sitzbank geordert werden.

Obwohl immerhin fast 5000 Exemplare gebaut wurden, war trotz mühsamer Suche kein besseres Bild der RT 125/4 aufzutreiben.

Italemmzetta nannte sich diese Maschine des italienischen Ingenieurs Leopoldo Tartarini, der von 1960 bis 1967 unter Verwendung von RT-125-Motoren (auch ES 250-Triebwerke kamen zum Einsatz) in Bologna eine bescheidene Serienproduktion aufzog.

Partei- und Staatsführung. Diese gab ihrem Volk das Versprechen, mit dem ab 1951 laufenden Fünfjahresplan den Westen wirtschaftlich zu überholen. Ein Boxer-Motorrad a la BMW konnte dabei natürlich sehr hilfreich sein. Wie war man nun in Zschopau auf dieses ungewöhnliche Antriebskonzept gekommen?

Der Riedel-Anlasser

Der bekannteste Zweitakt-Boxermotor war zu dieser Zeit der als »Riedel-Anlasser« in die Flugzeuggeschichte eingegangene Anlassmotor für Strahltriebwerke der Firmen Junkers und BMW, der zu Kriegsbeginn einsatzfähig war. Der von Norbert Riedel (dem späteren Konstrukteur der legendären Imme) konstruierte Ultrakurzhuber mit 270 cm^3 Hubraum leistete 10,5 PS. Die Zweitaktspezialisten von DKW erhielten später von der Luftwaffe den Auftrag, einen ähnlichen aber leistungsfähigeren Motor zum Anlassen größerer Flugzeugtriebwerke zu entwickeln. Während dieser Tätigkeit diskutierten die Konstrukteure Weber und Bang die Möglichkeit, einen solchen Motor als Motorradtriebwerk einzusetzen. Über Gedankenspiele kam man dabei nicht hinaus, das Kriegsende setzte allem ein Ende, auch der Überführung des DKW-Anlassermotors in die Serienfertigung.

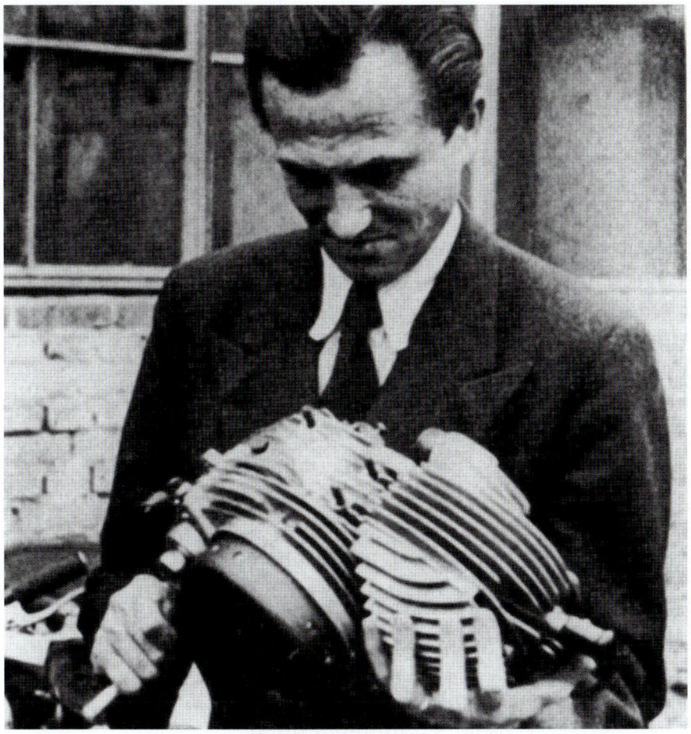

Dipl.-Ing. Norbert Riedel (1914-1963) war ausgewiesener Zweitaktspezialist und letztendlich der Ideengeber für ein Zweitakt-Boxer-Motorradtriebwerk.

Riedels Anlasser-Motor für Strahltriebwerke schien in Größe und Form tatsächlich als Motorradtriebwerk geeignet.

Ein Zweitakt-Boxer

Während also Hermann Weber in die Sowjetunion dienstverpflichtet wurde, versetzten die Besatzer Kurt Bang in das kurz nach Kriegsende in den Gebäuden der Zentralen Versuchsanstalt der Auto Union in Chemnitz eingerichtete »Sowjetische Konstruktionsbüro«. Hier fanden sich so bekannte Namen wie August Prüssing, DKW-Rennleiter, Hans Sprung, Meister der DKW-Versuchsabteilung, oder Siegfried Rauch, zuletzt Leiter der Kundendienstwerkschule bei DKW, wieder. Bang unterbreitete den Sowjets den Vorschlag, ein Motorrad mit Zweitakt-Boxermotor zu konstruieren und erhielt dazu prompt den Befehl von den sowjetischen Offizieren, die das Büro leiteten. Bang und seine Mitarbeiter zeichneten den Motor, der dann im Bark-Motorenwerk in Oberkunewalde bei Zittau, das ebenfalls unter russischem Befehl stand, gebaut wurde. Zumindest ein Prototyp vom 250-ccm-Zweitakt-Boxermotor entstand dort, wie sich Siegfried Rauch Jahrzehnte später erinnerte. Mit Trockenkupplung, Vierganggetriebe und Kardanwelle versehen, wurde das Triebwerk in ein dafür geändertes NZ-Fahrwerk gesetzt (mit Trapezfedergabel, aber ohne Hinterradfederung) und 1947 / 48 von Meister Sprung viele Kilometer lang Probe gefahren. Mit der

Auflösung des Konstruktionsbüros 1949 verschwand der Prototyp samt Konstruktionsunterlagen in die UdSSR. Kurt Bang wurde nach Zschopau versetzt, wo er nun eben den deutschen Behörden den Vorschlag zum Bau eines Zweitakt-Boxermotors unterbreitete. Das Zschopauer Konstruktionsbüro begann umgehend mit der Neukonstruktion, sich an den zuvor in Chemnitz entstandenen Motor orientierend. Setzte aber schon bald auf eine 350-ccm-Variante, da einerseits in Suhl eine neue 250er Maschine (AWO) entstand, andererseits Zschopau perspektivisch die 250er Klasse mit einem Einzylinder-Motor besetzt sah. 343,4 cm^3 waren es schließlich, die sich aus je zweimal 65 mm Hub und 58 mm Bohrung ergaben. Die beiden Leichtmetall-Flachkolben (Dreikanal-Umkehrspülung) der sich gegenüberliegenden Zylinder liefen im gleichen Arbeitstakt, so dass gleichzeitig das Kraftstoff-Luftgemisch, das zwei gekapselte Flachschieber-Vergaser aufbereiteten, aus der gemeinsamen Kurbelkammer gesaugt und nach der Verdichtung (6,5:1) zeitgleich gezündet wurde. Das vereinfachte die gesamte Konstruktion, hielt aber auch die Vibrationen in Grenzen. Geschmiert wurden die beweglichen Teile im Motor mit dem damals üblichen Öl-Benzingemisch im Verhältnis 1:25. Die gepresste Kurbelwelle mit drei Hubscheiben lief in zwei großen Rollenlagern, ebenso wie die um 180° versetzten, geschmiedeten Pleuel. Das vertikal geteilte Motorgehäuse aus Leichtmetall barg neben der Kurbelwelle auch die Lichtmaschine mit Unterbrecher und Flachregler, zwei Zündspulen sowie die beiden Vergaser mit einem gemeinsamen Luftfilter. Die Einscheiben-Trockenkupplung saß direkt auf dem hinteren Kurbelwellenstumpf; das angeblockte, klauengeschaltete Vierganggetriebe (die Hauptwelle lief mit Kurbelwellen-Drehzahl) war dahinter in einem eigenen Gehäuse untergebracht und mit vier Schrauben am Motorgehäuse befestigt.

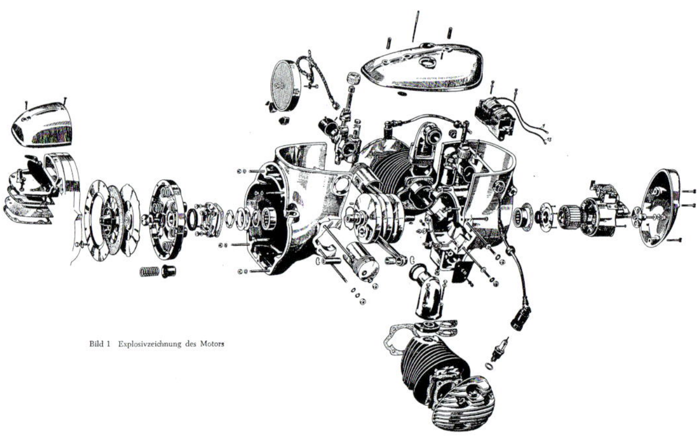

Zwei Zylinder, zwei Vergaser, aber nur ein Kurbelgehäuse aus dem das Kraftstoffgemisch gleichzeitig von beiden Kolben angesaugt wird. Das vereinfachte die ansonsten für Zschopauer Verhältnisse doch recht aufwändige Motorkonstruktion.

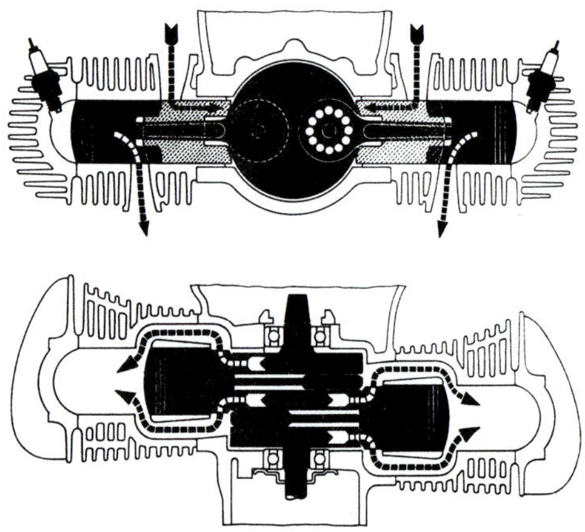

Das Funktionsschema des BK-Boxers mit Dreikanal-Umkehrspülung: Ansaugung, Überströmung und Ausströmen des Abgases.

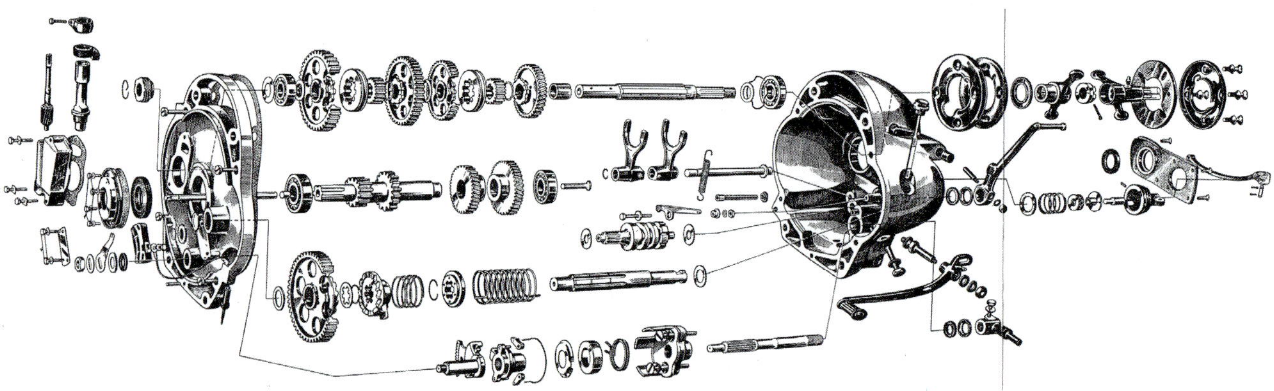

Das klauengeschaltete Viergang-Getriebe ist in einem separaten Gehäuse am Motorblock angeschraubt. Die vier Zahnradpaare stehen in ständigem Eingriff und die Hauptwelle läuft mit Kurbelwellendrehzahl.

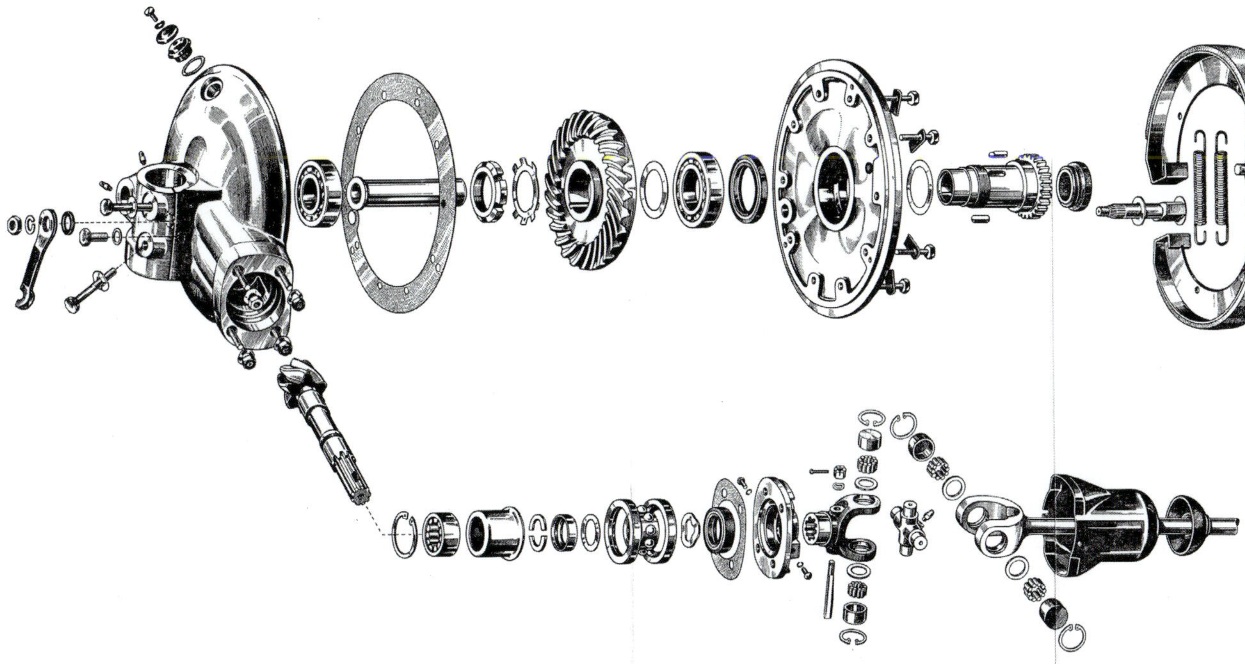

Auf der vom Getriebe her kommenden Abtriebswelle sitzt ein Gummigelenk, in welchem axial die Kardanwelle gleitet. Das unten rechts dargestellte Kreuzgelenk am hinteren Ende der Kardanwelle nimmt die Winkelbewegungen beim Durchfedern auf.

Die IFA BK 350

Der gesamte Triebwerksblock wiederum war mit zwei durchgehenden Bolzen am geschweißten und geschlossenen Doppelschleifen-Rohrrahmen befestigt, wobei der untere Bolzen gleichzeitig die Fahrerfußrasten aufnahm. Der Zweitakter leistete 15 PS bei 5000 U / min und 27 Nm bei 350 U / min machten ihn durchaus beiwagenfest. Die Kardanwelle gleitete am Getriebeausgang axial in einem Gummigelenk; am anderen Ende nahm ein Kreuzgelenk, das auf dem Kardanritzel saß, die Federbewegungen auf. Die Hinterradübersetzung konnte von 1:4,67 (solo) auf 1:5,4 (Gespann) geändert werden. Das Kardangehäuse wie auch die sich anschließende Bremsnabe waren aus teurem Elektronguss gefertigt. Das galt auch für die Bremsnabe des Vorderrades – beide Räder waren gegeneinander austauschbar. Apropos Bremsen, 200 mm betrug der Durchmesser des Stahllaufrings in der Bremstrommel, auf dem sich die jeweils zwei Bremsbacken aufvulkanisierten, 25 mm breiten Juridbeläge abrieben. Obwohl nicht als Zentralvollnaben ausgelegt, galten die Bremsen als sehr gut und Voraussetzung dafür, mit dem Motorrad sicher Geschwindigkeiten über 110 km / h fahren zu können, oder ein schweres Gespann (als das die Maschine überwiegend gefahren wurde) gut zu verzögern. Die ölgedämpfte, progressiv wirkende Telegabel konnte mit ihrem 145 mm Federweg durchaus als modern gelten, zumal zwei Zusatzfedern am Ende auch bei härtester Beanspruchung ein Durchschlagen verhinderten. Das war bei der Geradweg-Hinterradfederung nicht immer der Fall, doch mit ihren 50 mm Federweg war man immer noch auf der Höhe der Zeit – jedenfalls im Jahre 1951. Denn da waren Konstruktion und Erprobung der Maschine abgeschlossen und die Serieneinführung hätte starten können. Doch die sich nur sehr langsam entwickelnde Zulieferindustrie der jungen DDR ließ dies noch nicht zu. Auf der Frühjahrsmesse 1952 einem begeisterten Publikum vorgestellt, musste dieses noch ein gutes Jahr warten, ehe die ersten Maschinen durch die volkseigene HO (Handelsorganisation) ausgeliefert wurden, obwohl schon im Oktober 1952 die Fertigung der Nullserie begonnen hatte.

Bei der IFA BK 350 standen das B für den Zweitakt-Boxermotor, das K für den Kardanantrieb und die 350 natürlich für den Hubraum.

Dieser Motor entstammt der ersten BK-Generation, erkennbar auch an der Ausbuchtung in der vorderen Abdeckung.

Das Antriebsgehäuse des Hinterrades und die sich anschließende Bremstrommel waren aus vergütetem Elektron gefertigt.

Für den Inlandsmarkt mussten eine einfache Lackierung und Linierung reichen und auf jeglichen Chromzierrat verzichtet werden. Ein Soziussitz gehörte ebenfalls nicht zur Grundausstattung.

Der Tachometer war nicht zu optimistisch ausgelegt. Bergab mit Rückenwind zitterte die Nadel dem Anschlag entgegen.

Eine BK zu fahren brauchte ein klein wenig Übung, besonders beim Schalten.

3.460 DM (Ost) mussten damals für eine nagelneue IFA BK 350 hingeblättert werden (doppelt so viel wie für eine RT 125), das war fast das durchschnittliche Jahresgehalt eines Arbeiters, der von einer solchen Maschine nur träumen durfte. Und dennoch konnte die Fertigung – 1953 waren es nur rund 1000 Maschinen gewesen – bei weitem nicht die Nachfrage decken. Was dann, speziell nach dem 17. Juni 1953, dazu führte, dass die DDR verstärkt Motorräder verschiedener Hubraumklassen importierte, um das Volk bei Laune zu halten. Darunter von 1953 bis 1957 auch viele Zündapp-Modelle aus dem Lande des ärgsten Klassenfeindes. Im Fahrbetrieb war die Boxermaschine alles andere als genügsam, bei sportlicher Fahrweise – und dafür war die Maschine gedacht – liefen schon mal acht Liter durch. Dies bestätigt den Verruf der 350er als Säuferin, später einer der Gründe für MZ, die Maschine aus dem Verkehr zu ziehen. Problematisch auch das schwer zu schaltende Getriebe, das Übung und Geduld bedurfte – besonders beim Herunterschalten und die homogene Einstellung der Vergaser und deren Betätigung mittels zweier Bowdenzüge am Innenzug-Gasdrehgriff.

1956 bekam die BK 350 das Schwingensymbol an den Tank und nannte sich fortan MZ BK 350. Optisch war die Maschine auch am neuen Auspuff zu erkennen, der Soziussitz blieb Option.

Der MZ-BK-Motor mit neuem Luftfilter samt Vergaserabdeckung, und neuen Zylinderdeckeln, mit denen sich der Kerzenwinkel geändert hatte.

MZ BK 350

1956 brach für das traditionsreiche Zschopauer Motorradwerk eine neue Zeitrechnung an. Die Markenbezeichnung MZ mit dem grünen Schwingensymbol wurde eingeführt und die moderne ES 250 mit Vollschwingenfahrwerk kam auf den Markt. Aus der IFA BK 350 wurde die MZ BK 350, die bis ins Jahr 1957 hinein einige Modifikationen erfuhr. Durch den Einsatz von Rundschiebervergasern, neuen Zylindern samt Köpfen und einer neu abgestimmten Auspuffanlage in Zigarrenform konnten Verdichtung (von 6,5:1 auf 7:1) und Leistung (17 PS bei 5100 / min) erhöht und der Geräuschpegel gesenkt werden. Ein neuer Luftfilter veränderte die Optik im hinteren Bereich des Triebwerksblocks. Die Telegabel wurde verstärkt und die Schaltstellung »5« am Zündschloss eingeführt, die das Anschieben der Maschine bei defekter oder fehlender Batterie ermöglichte.

Bis 1959 durfte die BK 350 so noch vom Band rollen, ehe nach 42.983 produzierten Maschinen das Aus für den Boxer kam. Zwar hatten die Ingenieure schon 1956 eine modernisierte BK 351 unter anderem mit Vollschwingenfahrwerk vorgestellt, aber die hohen Fertigungskosten und die künftige Ausrichtung von MZ allein auf Einzylinder-Zweitakter, ließen diesem Projekt keine Chance mehr. So behielt die BK 350 eine Ausnahmestellung nicht nur in der langen Geschichte des Zschopauer Motorradbaus.

Ein BK-Nachfolgemodell mit Vollschwingenfahrwerk à la MZ ES gelangte bis ins Prototypenstadium, aber keinen Schritt weiter.

Modell	RT 125	RT 125 / 1	RT 125 / 2	RT 125 / 3	RT 125 / 4
Bauart	Motorrad	Motorrad	Motorrad	Motorrad	Motorrad
Motor	DKW-Zweitakt	IFA-Zweitakt	MZ-Zweitakt	MZ-Zweitakt	MZ-Zweitakt
Hubraum ccm	123	123	123	123	123
Leistung PS	5	5,5	6 / 6,3	6,5	8,5
bei Drehzahl 1/min	4800	5200	5200	5200	5000
Drehmoment Nm	7	8	8,7	9,5	11
bei Drehzahl 1/min	3500	3500	4000	3600	4000
Zylinderzahl	1	1	1	1	1
Bohrung/Hub mm	52 / 58	52 / 58	52 / 58	52 / 58	52 / 58
Verdichtung :1	6	6,5	7,25	8	9
Gassteuerung	Schnürle-Umkehrspülung	Schnürle-Umkehrspülung	Schnürle-Umkehrspülung	Schnürle-Umkehrspülung	Schnürle-Umkehrspülung
Vergaser	BVF	BVF	BVF	BVF	BVF
Durchlass mm	17	20	20	22	22
Starter	Kick	Kick	Kick	Kick	Kick
Zündung	Batteriezündung	Batteriezündung	Batteriezündung	Batteriezündung	Batteriezündung
Kraftübertragung		Fuß	Fuß	Fuß	Fuß
Getriebe/Gangzahl	3	3	3	3	3
Schaltung	Fuß	Fuß	Fuß	Fuß	Fuß
Übersetzung 1.Gang	1:23	1:23	1:23	1:22,4	k. A.
2. Gang	1:11,7	1:11,7	1:11,7	1:13,2	k. A.
3. Gang	1:7,88	1:7,85	1:7,85	1:9,4	k. A.
4. Gang	kein	kein	kein	1:7,3	k. A.
Hinterradantrieb	Kette	Kette	Kette	Kette	Kette
Fahrwerk		Reibung	hydraulisch	hydraulisch	hydraulisch
Rahmen	Einrohr, geschlossen	Einrohr, geschlossen	Einrohr, geschlossen	Einrohr, geschlossen	Einrohr, geschlossen
Vordergabel	Telegabel	Telegabel	Telegabel	Telegabel	Telegabel
Federung vorn	Schraubenfedern	Schraubenfedern	Schraubenfedern	Schraubenfedern	Schraubenfedern
Federung hinten	Geradweg-Teleskop	Geradweg-Teleskop	Geradweg-Teleskop	Geradweg-Teleskop	Geradweg-Teleskop
Dämpfung vorn	keine	keine	keine	keine	keine
Dämpfung hinten	keine	keine	keine	keine	keine
Bremse vorn	Trommel 125 mm	Trommel 125 mm	Trommel 125 / 150 mm	Vollnabe 150 mm	Vollnabe 150 mm
Bremse hinten	Trommel 125 mm	Trommel 125 mm	Trommel 125 / 150 mm	Vollnabe 150 mm	Vollnabe 150 mm
Reifen vorn	2,50x19	2,75x19	2,75x19	2,75x19	2,75x19
Reifen hinten	2,50x19	2,75x19	2,75x19	3,00x19	3,00x19
Maße und Gewichte		schwarz	schwarz, beige, weinrot, blau	schwarz	
Tankinhalt Liter	8	11	11	11	11
Radstand mm	1220	1250	1250	1310	1310
Leergewicht kg	78	85	90	109	111
Zul. Gesamtgewicht kg	228	253	253	250	250
Höchstgeschwindigkeit km/h	75	80	80	85	90
Verbrauch l/100 km	2,25	2,3	2,3	2,3	2,5
Baujahre	1950 – 54	1954 – 56	1956 – 59	1959 – 62	1964 – 1966
Stückzahl	30 199	33 148	55 424	143 035	4 904
Preis DM (Ost)	1.680	1.765	1.830	1.875	kein

Modell	BK 350	MZ BK 350
Bauart	Motorrad	Motorrad
Motor	IFA-Zweitakt	MZ Zweitakt
Hubraum ccm	343	343
Leistung PS	15	17
bei Drehzahl 1/min	5000	5000
Drehmoment Nm	27	30
bei Drehzahl 1/min	3500	3400
Zylinderzahl	2 / Boxer	2 / Boxer
Bohrung/Hub mm	58 / 65	58 / 65
Verdichtung :1	6,5	7
Gassteuerung	Schnürle-Umkehrspülung	
Vergaser	BVF	BVF
Durchlass mm	2x22	2x22
Starter	Kick	Kick
Zündung	Batterie	Batterie
Kraftübertragung		Fuß
Getriebe/Gangzahl	4	4
Schaltung	Fuß	
Übersetzung 1.Gang	1:17,93	1:17,93
2. Gang	1:9,81	1:9,81
3. Gang	1:6,44	1:6,44
4. Gang	1:5,00	1:5,00
Hinterradantrieb	Kardanwelle	Kardanwelle
Fahrwerk		
Rahmen	Doppelrohr, geschlossen	Doppelrohr, geschlossen
Vordergabel	Telegabel	Telegabel
Federung vorn	Schraubenfedern	Schraubenfedern
Federung hinten	Geradweg	Geradweg
Dämpfung vorn	hydraulisch	hydraulisch
Dämpfung hinten	keine	keine
Bremse vorn	Vollnabe 200 mm	Vollnabe 200 mm
Bremse hinten	Vollnabe 200 mm	Vollnabe 200 mm
Reifen vorn	3,25x19	3,25x19
Reifen hinten	3,25x19	3,25x19
Maße und Gewichte		
Tankinhalt Liter	18	18
Radstand mm	1400	1400
Leergewicht kg	142	142
Zul. Gesamtgewicht kg	330	330
Höchstgeschwindigkeit km/h	110	115
Verbrauch l/100 km	3,8	3,8
Baujahre	1952 – 56	1956 – 59
Stückzahl	42 983 (BK 350 gesamt)	
Preis DM (Ost)	3.460	3.460

Auch eine Variante mit Telegabel, »Büffeltank« und durchgehender Sitzbank wäre denkbar gewesen – zehn Jahre später wurde dieses Konzept mit der ETS 250 realisiert.

Zwar eher als sportliche Solomaschine konzipiert, konnte der 350er Zweitakter durchaus auch einen Beiwagen mitziehen. Wie in diesem Fall das Stoye-Modell TM.

Zschopauer Barock: Mit den /2-Modellen wurde das Design der ES 250 ab 1967 dem der ES 125/150 angeglichen.

Die ES-Modellreihen

Die ES-Modellreihen

Die Fertigung der RT 125 lief ab 1950 kontinuierlich und natürlich musste der Achtelliter-Maschine ein hubraumstärkeres Modell – zunächst war an 250 cm^3 gedacht – zur Seite gestellt werden. Und natürlich hätten es die verbliebenen Zschopauer Ingenieure geschafft, die letzte DKW-Vorkriegsentwicklung in dieser Klasse, die NZ 250, die in der 350er Version ab 1947 als Ish 350 im sowjetischen Kalaschnikow-Werk vom Band lief, wiederzubeleben und zu modernisieren. Aber die ostdeutsche Motorradproduktion hatte ein Problem: Es gab keine Fertigungsbetriebe für Rollenketten, die für Primär- und Sekundärantrieb benötigt wurden. Was unter anderem der EMW 350 in Eisenach das Leben verlängerte und die Serieneinführung der AWO 425 in Suhl beschleunigte. Und die Entwicklung der BK 350 begünstigte. Alle drei Maschinen besaßen einen Kardanantrieb. Dass für die Endmontage der RT 125 in deren Frühzeit Rucksackträger aus dem Westen Ketten beschafften, ist keine Legende!

ES 250 und ES 175

Fünf Jahre später war die Zulieferindustrie soweit und der Höhepunkt des Jahres 1956 und damit die Verkörperung des neuen MZ-Schwingen-Symbols war die ab Juni in Serie gebaute ES 250. Dabei stand das E für Einzylinder und das S für Schwinge, denn die neue MZ verfügte über ein zu dieser Zeit hochmodernes Vollschwingenfahrwerk. Dazu kamen eine Doppelport-Auspuffanlage, Vollnabenbremsen und ein dem Stil jener Jahre angepasstes Finish. Letzteres bedeutete üppige Blechverkleidungen und insgesamt fast drei Zentner Gewicht, mit denen es der 12,5 PS leistende Zweitakter nicht leicht hatte.

Seitenwagenspezialist Stoye aus Leipzig hatte zusammen mit MZ einen speziell für die neue ES 250 zugeschnittenen Seitenwagen entwickelt, dessen besonderer Clou die Verbindung der langhubigen Wagenschwinge mit der Hinterradschwinge des Krades war. »Elastik-Seitenwagen« und später »Superelastik-Seitenwagen« nannte man das, was

Mit der ES 250 hatten die Zschopauer 1956 ein sehr modernes Motorrad mit Vollschwingen-Fahrwerk auf die Räder gestellt, das zum Symbol für die neue Marke MZ wurde.

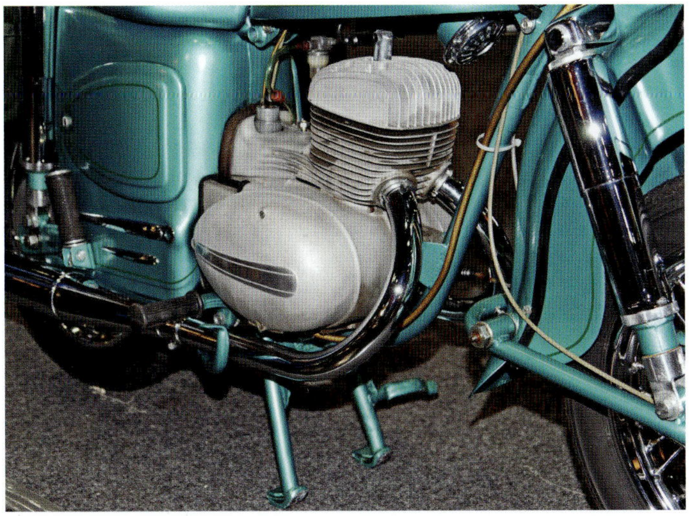

Die ersten ES 250 wurden noch mit einer Doppelport-Auspuffanlage ausgeliefert – ein heute nur noch sehr selten anzutreffendes Modell.

Ab 1958 hatten die Ingenieure den neuen ES-Motor soweit im Griff, dass auf den zweiten Ausgang verzichtet werden konnte.

künftig an drei Punkten an die hubraumgrößten MZ-Motorräder befestigt werden konnte.

Seit 1958 konnte bei der ES 250 durch eine verbesserte Auslassschlitz-Steuerung auf das zweite Abgasrohr verzichtet werden. Die Leistung stieg auf 14,25 PS.

Ab 1959 wurde die 250er als ES 250 / A auch an die Nationale Volksarmee geliefert.

Noch im Dezember lief die Fertigung der ES 175 an. Als kleinere Schwester der 250er kam sie mit weniger Blech aus, musste aber auf die praktischen Packtaschen, die bei der größeren Maschine am Heck serienmäßig waren, ganz verzichten. Der Motor blieb bis auf den reduzierten Hubraum identisch, und kam von Anfang an mit nur einem Auspuff aus. Auch hier standen die 10 PS eher für Solidität denn sportliches Vorwärtskommen.

Sonderlackierungen und eine durchgehende Sitzbank waren für die ES 250 im Inland optional, für einige Exportländer Standard.

ES 300

Das Modelljahr 1962 / 63 brachte den Zschopauern die bis dahin größte Modellpalette seit dem Zweiten Weltkrieg. Dabei kamen die ES-Serienmodelle von Januar 1962 an überarbeitet und bald darauf mit einer zusätzlichen 300-ccm-Variante in den Handel. Der Quadrathuber (72 mm) leistete 18,5 PS und sollte im Gespannbetrieb die Nachfolge der BK 350 antreten. Die nun hubraumgrößte MZ erbte die großen Seitenverkleidungen samt Packtaschen von der 250er.

ES 250/1 und ES 175/1

Die ES 250 / 1 war ab 1962 im gleichen, abgespeckten Look wie die neue ES 175 / 1 auf dem Markt erhältlich. Äußerlich hatte sich bei

Das originale MZ-Werksfoto der ab Ende 1956 gefertigten ES 175 zeigt die schlankere Linie gegenüber dem größeren Schwestermodell.

den /1-Varianten ansonsten wenig verändert. Zweifarblackierungen mit verschiedenen Chromspiegeln am Tank waren ebenso auffällig wie die (wahlweise erhältliche) durchgehende Sitzbank. Eine Reihe technischer Änderungen verbesserte die inneren Werte und ließ die Motorleistung auf 16 bzw. 12 PS steigen. Für den Einsatz in der Truppe erhielten die ES-Modelle (jetzt ES 250/1 A) neben der NVA-Lackierung eine kürzere Sekundärübersetzung für mehr Zugkraft, Packtaschen und eine Nachtmarschanlage. Während die zivilen Ma-

Natürlich sollte die große 300er in erster Linie den neuen »Superelastik-Seitenwagen« ziehen. Die Verkaufszahlen blieben aber bescheiden und die Maschine nur bis 1965 im Programm.

Der Motor der ES 175 war bis auf den Hub mit dem des 250er Modells identisch.

Für die ES 300 verlängerte sich der Zylinderhub gegenüber der 250er um 7 mm, was zwei Kühlrippen mehr zur Folge hatte. Ansonsten waren die Maschinen identisch. (Foto: Klaus Kühn mz-es.de)

Die neuen ES 250/1 und ES 175/1 traten nun äußerlich identisch auf, die durchgehende Sitzbank konnte wahlweise gegen Einzelsitze getauscht werden.

schinen mit einer durchgehenden Sitzbank geordert werden konnten, blieb es bei den Armeemaschinen immer bei zwei Einzelsitzen.

ES 125 und ES 150

Nachdem Mitte des Jahres 1962 das vorläufige Aus für die gute alte RT 125 (bis auf die erwähnte RT 125 / 4) gekommen war, hießen die Nachfolger mit Vollschwingenfahrwerk ES 125 und ES 150. Mit ihrem Blechprägerahmen waren sie bis auf Kleinigkeiten völlige Neukonstruktionen. Die Motoren der neuen kleinen Zschopauer waren abgesehen von Hubraum, Vergaserdurchlass und Ritzel völlig identisch und leisteten 8,5 bzw. 10 PS. In der kantigen Linienführung fiel besonders das rahmenfeste Lampengehäuse mit seinem Übergang zum Tank auf. Und was auch noch erwähnenswert ist: Die ES 125 / 150 war das erste Motorrad der Welt, das über eine Lichthupe und asymmetrisches Abblendlicht verfügte! 1.940 Mark kostete die neue RT-Hubraumklasse (RT 125 / 3 = 1.875 Mark), 215 Mark mehr die 150er.

Für die Armeeausführung der ES 250/1 wurden stets Einzelsitze montiert. (Foto: Ralf Christian Kunkel)

Mit den ES 125/150-Modellen betrat im Herbst 1962 ein neuer Dauerbrenner die Zschopauer Bühne und löste die RT-Modelle endgültig ab.

Die neuen Kleinen waren sofort der Schlager auf dem DDR-Motorradmarkt, der ein völlig anderes Bild bot, als das zu dieser Zeit im Westen der Fall war, wo man von 61 000 im Jahr 1962 produzierten Motorrädern nur träumen konnte. Dabei fristete die 125er im Inland doch eher ein Schattendasein gegenüber der ES 150. Nicht zuletzt deshalb, weil letztere, wie die 125er auch, mit Motorradführerschein ab 16 Jahren gefahren werden durfte und sich die Jugend eher für die

Vollschwingenfahrwerk, Pressstahlrahmen mit einem Heckteil aus Alu-Guss, rahmenfestes Lampengehäuse und andere Spezialitäten waren neu im internationalen Motorradbau. Im Bild eine Maschine mit dem ab 1965 eingesetzten Breitrippen-Zylinder.

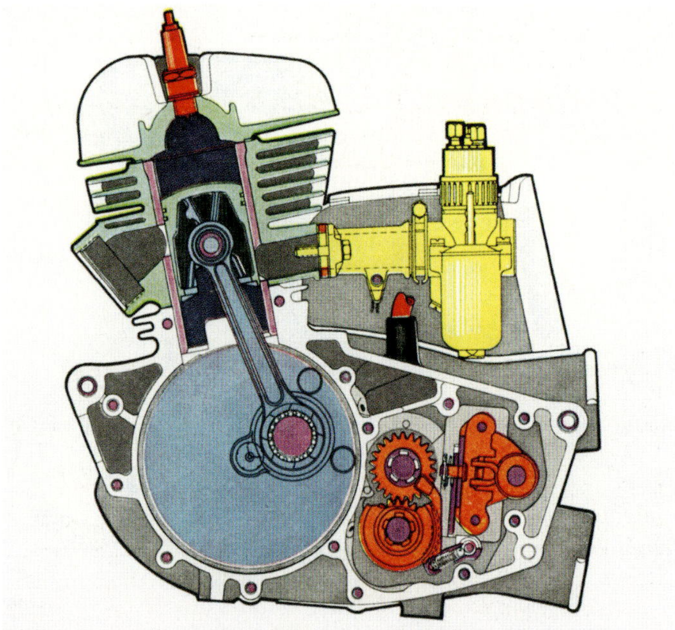

Nur fünf Motorteile unterschieden die beiden neuen, kantigen MZ-Maschinen, die in ihren Klassen auch im Westen zur Weltspitze zählten und zum absoluten Exportrenner für MZ wurden.

Die ES 150 war auch mit Einzelsitzen erhältlich, vor allem Fahrschulmaschinen nahmen die Option in Anspruch. (Foto: Sebastian 186 CC BY-SA 3.0)

stärkere Maschine entschied. Bis 1969 – ab 1965 mit neuem Breitrippen-Zylinder – wurde die 150er MZ weit über 190 000 Mal gebaut – bis zu diesem Zeitpunkt ein einsamer Rekord in der gesamten deutschen Motorradgeschichte! Der dann aber von den /1-Modellen noch einmal deutlich überboten wurde.

ES 250/2 und ES 175/2

Der schnörkel- und zierratlosen, kantigen Form der kleinen ES angepasst, erschienen 1967 auch die größeren Modelle als ES 175/2 und ES 250/2 in überarbeiteter Form. Die 300er war dagegen mangels Nachfrage und wegen technischer Probleme wieder aus dem Programm genommen worden. 250 cm^3 Hubraum blieben nun 22 Jahre lang das Maximum, das Serienmotorräder aus der DDR zu bieten hatten. Die Leistung des einfachen Zweitakters, dessen Grundaufbau sich praktisch seit Anfang der dreißiger Jahre kaum verändert hatte, stieg indes ständig und betrug bei der neuen 250er schon 17,5 PS, während es der kleinere 175er Motor auf 13,5 PS brachte. Wie zuvor bei den kleinen ES-Modellen kam zur besseren Luftkühlung ein Breitrippenzylinder zum Einsatz, und eine mittels zweier Silentblöcke elastische Motoraufhängung machte die Kräder vibrationsfreier.

Mit der Einführung der ES 250/2 im Jahre 1967 stellte Zschopau erstmals offiziell eine Militärversion unter der Bezeichnung ES 250/2 A vor. Gegenüber der Serienversion hatte diese Maschine einen hohen Lenker mit Verbindungsrohr, einen hinten leicht hochgezogenen Auspuff und grundsätzlich Einzelsitze statt der Sitzbank. Packtaschen und Kanisterhalter vervollständigten die mit verstärkten Federbeinen ausgerüstete Maschine.

1963 brachte MZ für wichtige Handelspartner eine Geschenkmappe im Format 43 x 35 cm heraus, die fünf Kunstdrucke des in der DDR bekannten Zeichners und Illustrators Theo Dietzel enthielt. Vier davon sind hier wieder gegeben. Dieses Bild zeigt ein ES 250/1-Gespann an der Mecklenburgischen Seenplatte.

Die ES 150 am Polarkreis in Finnland.

ES 150 und 175 im Straßenbild von Havanna, Kuba.

Die neue ES 150 auf der Leipziger Frühjahrsmesse.

1967 erschienen die ES 175 und 250 als /2-Modelle mit Breitrippen-Zylinder, elastischer Motoraufhängung und feststehendem, kantigem Scheinwerfer.

Ab 1969 kam der trophy-Schriftzug an die Tanks; mit roter Tank-Scheinwerfer-Kombination und schwarzer Lackierung der übrigen Teile noch zusätzlich ein »de luxe« auf den Seitendeckel. Dahinter eine /2 mit Superelastik-Seitenwagen.

ES 125/1 und ES 150/1

Angesichts der Erfolge im Motorradgeländesport (MZ gewann in den sechziger Jahren sechs Mal die Internationale 6-Tage-Fahrt!) erhielten alle ES-Modelle ab 1969 den Zusatz »trophy« und die kleinen Maschinen noch ein /1 in der Typenbezeichnung. Dafür gab es neue Auspuffrohre, etwas später offene Federbeine und auch die neue Motoraufhängung der größeren Schwestern. Die Motorleistung beider Maschinen stieg auf 10 und 11,5 PS. Die

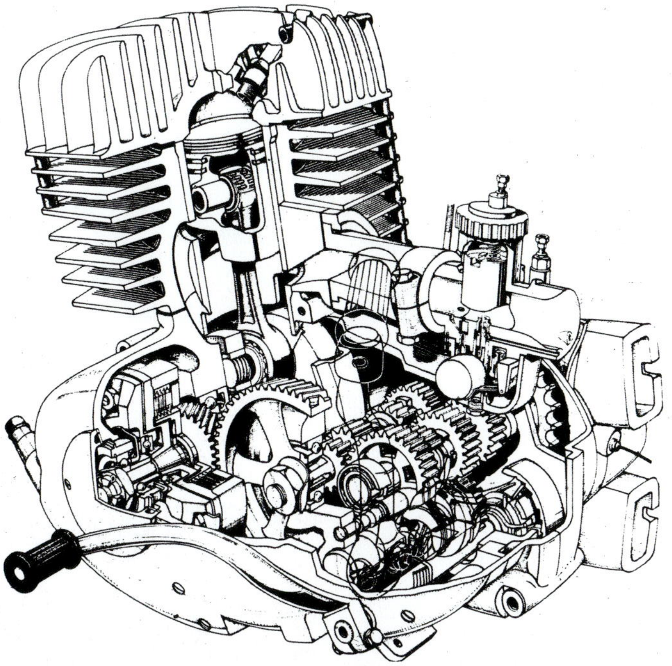

Mit neuem breitverripptem Leichtmetall-Zylinder und nadelgelagertem Kolbenbolzen war der neue ES-Motor vor allem im Gespannbetrieb standfester geworden.

Lange Zeit wegen ihrer kantigen Linien vernachlässigt, sind die ES-Modelle 175/2 und 250/2 heute gesuchte Klassiker.

Noch ein /2-Gespann, bei dem die Maschine mit optional erhältlichen Einzelsitzen ausgestattet war.

Erst mit der ES 250/2 durfte offiziell eine NVA-Version der Zschopauer Zweitakter vorgestellt werden.

Mit dem Funkkrad der Volkspolizei auf Basis der ES 250/2 wurde dagegen noch nicht geworben.

Eine MZ ES 150/1 in ihrer klassischen blau-weißen Lackierung und hier noch mit geschlossenen Federbeinen. Und tausende ES-Maschinen waren für den Alltagseinsatz mit optional erhältlichen Beinschildern ausgerüstet.

Das offizielle Werksfoto für die ES 125/150 von 1971, jetzt mit offenen Federbeinen.

Fertigung der ES 125 / 1 und ES 150 / 1 endete 1978, nach fast 650 000 produzierten Exemplaren! Die Begeisterung der Jugendlichen für die Maschine hielt sich zu dieser Zeit schon sehr in Grenzen, bei Behörden, in Betrieben und vor allem als Dienstmotorrad in der Landwirtschaft erfreuten sich die alten MZ-Modelle aber noch lange großer Beliebtheit. Ebenso wie in vielen Exportländern.

In den letzten Produktionsjahren der kleinen /1-Modelle kam mehr Farbe ins Spiel, die Federbeine lagen offen und der Schalldämpfer war nicht mehr zigarrenförmig.

Die robuste ES 150 war das ideale Dienstfahrzeug für die Landwirtschaftlichen Produktionsgenossenschaften und deren Brigadiers in der Feldwirtschaft.

Modell	ES 250	ES 175	ES 250 (Einport)
Bauart	Motorrad	Motorrad	Motorrad
Motor	MZ-Zweitakt	MZ-Zweitakt	MZ-Zweitakt
Hubraum ccm	250	172	250
Leistung PS	12,5	10	14,25
bei Drehzahl 1/min	5000	5000	5100
Drehmoment Nm	20,5	15,8	21,3
bei Drehzahl 1/min	3600	3600	3700
Zylinderzahl	1	1	1
Bohrung/Hub mm	70/65	58/65	70/65
Verdichtung :1	7	7,5	7
Gassteuerung	Schnürle-Umkehrspülung		
Vergaser	BVF	BVF	BVF
Durchlass mm	27	26	27
Starter	Kick	Kick	Kick
Zündung	Batterie	Batterie	Batterie
Kraftübertragung			
Getriebe/Gangzahl	4	4	4
Schaltung	Fuß	Fuß	Fuß
Übersetzung 1.Gang	1,277:1	1,277:1	1,277:1
2. Gang	1,163:1	1,163:1	1,163:1
3. Gang	1,123:1	1,123:1	1,123:1
4. Gang	0,920:1	0,92:1	0,92:1
Hinterradantrieb	Kette	Kette	Kette
Fahrwerk			
Rahmen	Einrohr, geschlossen	Einrohr, geschlossen	Einrohr, geschlossen
Vordergabel	Langschwinge	Langschwinge	Langschwinge
Federung vorn	Federbeine	Federbeine	Federbeine
Federung hinten	Schwinge mit Federbeinen	Schwinge mit Federbeinen	Schwinge mit Federbeinen
Dämpfung vorn	hydraulisch	hydraulisch	hydraulisch
Dämpfung hinten	hydraulisch	hydraulisch	hydraulisch
Bremse vorn	Vollnabe 160 mm	Vollnabe 160 mm	Vollnabe 160 mm
Bremse hinten	Vollnabe 160 mm	Vollnabe 160 mm	Vollnabe 160 mm
Reifen vorn	3,25x16	3,25x16	3,25x16
Reifen hinten	3,25x16	3,25x16	3,25x16
Maße und Gewichte			
Tankinhalt Liter	16	16	16
Radstand mm	1325	1325	1325
Leergewicht kg	150	141	148
Zul. Gesamtgewicht kg	330	330	330
Höchstgeschwindigkeit km/h	110	95	115
Verbrauch l/100 km	3,2	3,6	3,2
Baujahre	1956/57	1957-62	1957-62
Stückzahl	150326 (ES 250 gesamt)	43222	150326 (ES 250 gesamt)
Preis DM (Ost)	3.010	2.475	3.010

Modell	ES 175 / 1	ES 250 / 1	ES 125	ES 150	ES 300
Bauart	Motorrad	Motorrad	Motorrad	Motorrad	Motorrad
Motor	MZ-Zweitakt	MZ-Zweitakt	MZ-Zweitakt	MZ-Zweitakt	MZ-Zweitakt
Hubraum ccm	172	247	123	143	293
Leistung PS	12	16	8,5	10	18,5
bei Drehzahl 1/min	5250	5200	5500	5500	5200
Drehmoment mkg	1,7	2,3	1,1	1,35	2,7
bei Drehzahl 1/min	k. A.	4000	4000	4000	4000
Zylinderzahl	1	1	1	1	1
Bohrung/Hub mm	58 / 65	70 / 65	52 / 58	56 / 58	72 / 72
Verdichtung :1	9	8,5	9	9	8,8
Gassteuerung	Umkehrspülung	Umkehrspülung	Umkehrspülung	Umkehrspülung	Umkehrspülung
Kühlung	Fahrtwind	Fahrtwind	Fahrtwind	Fahrtwind	Fahrtwind
Vergaser	BVF	BVF	BVF	BVF	BVF
Durchlass mm	25,5	28,5	22	24	30
Starter	Kick	Kick	Kick	Kick	Kick
Zündung	Batterie	Batterie	Batterie	Batterie	Batterie
Kraftübertragung					
Getriebe/Gangzahl	4	4	4	4	4
Hinterradantrieb	Kette	Kette	Kette	Kette	Kette
Fahrwerk					
Rahmen	Stahlrohr	Stahlrohr	Pressstahl mit Alu-Guss-Heck	Pressstahl mit Alu-Guss-Heck	Stahlrohr
Federung vorn	Langschwinge mit Federbeinen	Langschwinge mit Federbeinen	Langschwinge mit Federbeinen	Langschwinge mit Federbeinen	Langschwinge mit Federbeinen
Federung hinten	Schwinge mit Federbeinen	Schwinge mit Federbeinen	Schwinge mit Federbeinen	Schwinge mit Federbeinen	Schwinge mit Federbeinen
Bremse vorn	Trommel 160 mm	Trommel 160 mm	Trommel 150 mm	Trommel 150 mm	Trommel 160 mm
Bremse hinten	Trommel 160 mm	Trommel 160 mm	Trommel 150 mm	Trommel 150 mm	Trommel 160 mm
Reifen vorn	3.25-16	3.25-16	3.00-18	3.00-18	3.25-16
Reifen hinten	3.50-16	3.50-16	3.00-18	3.00-18	3.50-16
Maße und Gewichte					
Tankinhalt Liter	16	16	9	9	16
Radstand mm	1325	1325	1270	1270	1325
Leergewicht kg	149	153	115	115	158
Höchstgeschwindigkeit km/h	100	115	90	95	120
Baujahre	1962 – 67	1962 – 67	1962 – 69	1962 – 69	1962 – 65
Stückzahl	46086	49973	63526	190585	7786
Preis DM (Ost)	2.865	3.035	1.940	2.090	3.385

Modell	ES 175 / 2	ES 250 / 2	ES 250 / 2 A	ES 125 / 1	ES 150 / 1
Bauart	Motorrad	Motorrad	Militärkrad	Motorrad	Motorrad
Motor	MZ-Zweitakt	MZ-Zweitakt	MZ-Zweitakt	MZ-Zweitakt	MZ-Zweitakt
Hubraum ccm	172	243	243	123	143
Leistung PS	14	17,5 / (ab 1969) 19 / BRD: 17	17,5 / (ab 1969) 19	10	11,5
bei Drehzahl 1/min	5200	5350 / 5350 / 5400	5350	6150	6150
Drehmoment mkg	2,0	2,6	2,6	1,25	1,4
bei Drehzahl 1/min	4900	4900	4900	5250	5250
Zylinderzahl	1	1	1	1	1
Bohrung/Hub mm	58 / 65	69 / 65	69 / 65	52 / 58	56 / 58
Verdichtung :1	10	10	10	10	10
Gassteuerung	Umkehrspülung	Umkehrspülung	Umkehrspülung	Umkehrspülung	Umkehrspülung
Kühlung	Fahrtwind	Fahrtwind	Fahrtwind	Fahrtwind	Fahrtwind
Vergaser	BVF	BVF	BVF	BVF	BVF
Durchlass mm	26	28	28	22	24
Starter	Kick	Kick	Kick	Kick	Kick
Zündung	Batterie	Batterie	Batterie	Batterie	Batterie
Kraftübertragung					
Getriebe/Gangzahl	4	4	4	4	4
Hinterradantrieb	Kette	Kette	Kette	Kette	Kette
Fahrwerk					
Rahmen	Stahlrohr	Stahlrohr	Stahlrohr	Pressstahl mit Alu-Guss-Heck	Pressstahl mit Alu-Guss-Heck
Federung vorn	Langschwinge mit Federbeinen	Langschwinge mit Federbeinen	Langschwinge mit Federbeinen	Langschwinge mit Federbeinen	Langschwinge mit Federbeinen
Federung hinten	Schwinge mit Federbeinen	Schwinge mit Federbeinen	Schwinge mit Federbeinen	Schwinge mit Federbeinen	Schwinge mit Federbeinen
Bremse vorn	Trommel 160 mm	Trommel 160 mm	Trommel 160 mm	Trommel 150 mm	Trommel 150 mm
Bremse hinten	Trommel 160 mm	Trommel 160 mm	Trommel 160 mm	Trommel 150 mm	Trommel 150 mm
Reifen vorn	3.00-16	3.00-16	3.50-16	2.75-18	2.75-18
Reifen hinten	3.50-16	3.50-16	3.50-16	3.00-18	3.00-18
Maße und Gewichte					
Tankinhalt Liter	16	16	16	9	9
Radstand mm	1325	1325	1325	1325	1325
Leergewicht kg	155	155	155	115	115
Höchstgeschwindigkeit km/h	110	115 / 120 / 115	115 / 120	100	105
Baujahre	1967 – 72	1967 – 73	1967 – 73	1969 – 78	1969 – 78
Stückzahl	40 500	128 989	20 000	33 6473	309 414
Preis DM Ost (West)	2.910	3.015 (1.690)	k. A.	1.940	2.160 (1.098)

Zweimal MZ ETS 250: Die erste Ausführung in Rot von 1969, die überarbeitete Variante in Gelb ist Baujahr 1971.

ETS 250 – Die Zweitakt-Ikone

ETS 250 – Die Zweitakt-Ikone

Die im vorigen Kapitel vorgestellten ES-Modelle waren grundsolide Motorräder, die genauso in der DDR und den damals anvisierten Exportmärkten in Osteuropa und der dritten Welt gebraucht wurden. Während im Westen Deutschlands der Motorradmarkt zusammenbrach, startete man im Osten gerade erst richtig durch. Denn hier durften sich zu dieser Zeit und noch Jahre danach nur wenige Mitmenschen den Traum vom eigenen Auto erfüllen. Selbst eine ES 250 mit Seitenwagen für den Familienausflug oder mit einem Lastenbeiwagen für den Handwerker war da noch purer Luxus. Vielleicht nicht sonderlich hübsch, erfüllten diese Motorräder doch immer noch die allermeisten der an sie gestellten Aufgaben als Familienfahrzeug und Arbeitstier.

Das Motorrad als Freizeitobjekt

Ab Mitte der 60er Jahre war das Motorrad aber auch in der DDR, im kleinen Kreis und speziell bei jüngeren Fahrern mit betuchten Eltern, zum Freizeit- und Sportobjekt geworden. Die Beliebtheit der 350er Jawa, dem sportlichsten Motorrad des Ostblocks mit Zweizylinder-Zweitaktmotor, mag dafür Beleg sein. Doch 1966 stellten die Wirtschaftslenker der DDR den Motorrad-Import ein und die Jawas gingen nur noch als teure Gebrauchte von Hand zu Hand. Und nun das Jahr 1969! Sport- und freizeitorientiert revolutionierte sich der Motorradbau in der westlichen Welt, die Honda CB 750 oder die /5-Modelle von BMW demonstrierten eindrucksvoll die-

Eine ETS 300 G von 1964. Die Werksgeländesportler von MZ fuhren schon seit 1963 mit einer Telegabel.

sen Wandel, von den modern gezeichneten Mehrzylinder-Zweitaktmotorrädern aus Fernost gar nicht zu reden. In der DDR war das Spitzenprodukt die MZ ES 250 / 2 »trophy«! Die war inzwischen weder für die sportlich begeisterte Klientel im eigenen Land noch für den devisenbringenden Absatz im westlichen Ausland (man schielte sogar auf den US-Markt!) interessant.
Doch Hoffnung nahte.

Die Telegabel kehrt zurück

Während sich führende Vertriebsleute in Zschopau nicht mehr vorstellen konnten, dass eines ihrer Serienmotorräder keine Vorderradschwinge tragen würde (allein schon wegen dem Schwingensymbol der Marke MZ) fuhren Straßenrennmotorräder und die so erfolgreichen Enduros längst mit Telegabeln ihre Erfolge ein. Die Bezeichnung ETS für Einzylinder Telegabel Schwinge hatte es nämlich vor der hier vorgestellten Straßenmaschine schon für die in Kleinserie gebauten Geländesport-Motorräder gegeben, die ab 1966 hier die ES-Modelle (bis auf die 125er) ablösten. Die Werksenduros waren sogar schon seit 1963 mit einer Telegabel unterwegs und heimsten ungezählte Erfolge ein.
Die Entwicklungstendenzen im internationalen Motorradbau, weg von der Vorderradschwinge und von voluminösen Blechverkleidungen, hin zum sportlichen Motorrad mit Teleskopgabel und reduzierten Anbauteilen, hatten die erfahrenen Zschopauer Entwicklungsingenieure um Motorenspezialist Roland Schuster, dem Hauptkonstrukteur Manfred Thierfelder und dem Leiter der Versuchsabteilung Herbert Friedrich wohl erkannt und schon 1966 aufskizziert, wie so eine Maschine aus sächsischer Fertigung aussehen könnte. Die wichtigsten Eckpunkte im Pflichtenheft waren: 1. Vorderradführung in ölgedämpfter Teleskopgabel. 2. Schmaler, verstellbarer Lenker. 3. Sportlich gestalteter Tank für mindestens 18 Liter Kraftstoff. 4. Sportlich schmale Kotflügel, Verkleidung und Sitzbank. 5. Sportlich ausgelegter Motor. Die Montage eines Beiwagens war ausdrücklich nicht mehr vorgesehen.

Die ETS 250 entsteht

Und ganz wichtig: Es musste ein hoher Anteil an Gleichteilen mit der ES 250 / 2 Verwendung finden, um die Entwicklungskosten in Grenzen zu halten und später die Montage auf den nur zwei zur Verfügung stehenden Montagebändern nicht zu behindern. Am Ende lag der Anteil der von der ES 250 / 2 verwendeten Teile bei über 80 Prozent! Und es war wirklich erstaunlich, mit wie wenig Aufwand letztlich ein scheinbar völlig neues Motorrad entstand. So war der Rahmen bis auf wenige Befestigungsteile (z.B. für Lampentopf und Sitzbankschloss) ebenso völlig identisch wie der gesamte Hinterbau mit Schwinge, Rad (16 Zoll), Federbeinen (105 mm, zweifach verstellbar) und Kettenantrieb. Dazu kam die elastische Motoraufhängung, die Ansaug- und Auspuffanlage samt Befestigungsteilen, die Bremsen (Simplex-Trommel, 160-30 mm), Kippständer, Fußrasten und die gesamte elektrische Anlage, der lediglich die Blinkleuchten fehlten.
Im Wesentlichen war auch das gesamte Triebwerk unverändert geblieben. Der schlitzgesteuerte Einzylinder-Zweitakter (Bohrung 69 mm, Hub 65 mm = 244 cm^3) erhielt lediglich einen überarbeiten Einlasskanal und optimierte Steuerzeiten, wodurch eine Höchstleistung von 19 PS bei moderaten 5000 U / min erreicht werden konnte.

Die Prospektabbildungen zeigen es: Bis auf Schutzblech, Auspuffendstück und Sitzbank ist der Heckaufbau der ES 250/2 identisch mit dem der ETS 250.

Bei 4000 U / min lagen bereits 15 PS an und das maximale Drehmoment von 2,7 mkg wurde bereits bei 4500 U / min erreicht, was zusammen genommen dem Fahrer das Gefühl vermittelte, eine leistungsstärkere Maschine zu fahren. 120 km / h gab das Werk als offizielle Höchstgeschwindigkeit an, die in der Praxis aber meist übertroffen wurde.

Was war nun völlig neu an der sportlichen MZ? Technisch im Mittelpunkt stand natürlich die neue Teleskopfedergabel, bei der keine Kosten und Mühen gescheut wurden. Für die mit einem Lenkungswinkel von 61° angestellte, hydraulisch gedämpfte Telegabel, die mit progressiven Federn arbeitete, gab MZ ein Wartungsinterwall von 30 000 Kilometern an. Ein Spitzenwert, während der Federweg von 145 mm und der Standrohrdurchmesser von 32 mm guter Standard waren. Über der Telegabel und dem Lenkkopf war der nur 610 mm breite Rohrlenker mit vier Schrauben verstellbar befestigt. Statt dem schwingengeführten 16-Zoll-Vorderrad der ES 250 / 2 wurde jetzt ein sportlicher Achtzehnzöller an die Enden der Telegabel gesteckt.

Vierganggetriebe und ein 250-cm^3-Motor mit drei beweglichen Teilen. Seit der Einführung der Umkehrspülung 1932/33 hatte sich bei Zschopauer Zweitaktern prinzipiell nichts geändert.

Das Motorrad mit dem Büffeltank

Für das Design der Maschine zogen die Zschopauer das Zentralinstitut für Gestaltung in Berlin zu Rate, was zur Verzögerung des Projektes beitrug, da hier viele VEB-Betriebe Schlange standen. Dominierendes Element der neuen MZ war schließlich der 22-Liter-Tank, der mit seiner sehr markanten Optik einen wesentlichen Anteil am Gesamterscheinungsbild der Maschine hatte. Der »Büffeltank« war bald in aller Munde und der Autor erinnert sich wie in seiner Jugend fast nur von der »Maschine mit dem Büffeltank« die Rede war. Ein Büffel war ein ganz besonderes Tier, es stand für Freiheit, unendliche Weiten und Westernromantik. Damit konnte in der DDR jeder junge Bursche etwas anfangen. James Fenimore Cooper und die MZ ETS 250 Trophy Sport!

Ein freistehender, klassischer Scheinwerfer musste es für diese Maschine natürlich auch sein. Hier geriet MZ in ein Dilemma. Während die ES-Modelle bereits zu asymmetrischem Licht in einem 40 / 45-Watt-Scheinwerfer übergegangen waren, konnte die Zulieferindustrie der DDR keinen passenden Einsatz für einen so großen, runden Lampentopf liefern. So blieb den Ingenieuren nichts weiter übrig, als den Scheinwerfer der guten alten BK 350 (deren Serienfertigung 1959 eingestellt worden war) mit einem 35 / 35-Watt-Reflektor zu reaktivieren. Hinter dem Zündschloss war der Tachometer auf das Lampengehäuse aufgesetzt.

Sportlichkeit vor Tourentauglichkeit

Der hintere Kotflügel wurde gegenüber der ES 250 verkürzt und das Rücklicht entsprechend höher gesetzt. Ein Gepäckträger ließ

Das erste Werksfoto der MZ ETS 250 Trophy Sport. Für die Motorradwelt der DDR war das Erscheinen dieser Maschine 1969 ein Paukenschlag.

Für die erste ETS-Serie musste der Lampentopf der guten alten BK 350 herhalten, auf den der Tachometer gesetzt wurde.

sich jetzt kaum noch zwischen der neuen, keilförmigen Sitzbank und dem Rücklicht montieren und da der Tank auch keinen Tankrucksack zuließ, war die Tourentauglichkeit der Maschine durchaus eingeschränkt. Sicherlich mit ein Grund der letztlich schwachen Verkaufszahlen. Gekürzt wurde gegenüber der ES 250 auch der Auslassschalldämpfer, der nun nicht mehr über das Fahrzeugheck hinausragte. Der sich knapp über dem Reifen spannende vordere Kotflügel war ein komplettes Neuteil. Die Werkzeuge für die neuen Blechteile kamen vom VEB Formen- und Werkzeugbau Schwarzenberg. Da man es dort auch nicht so eilig hatte, verschob sich die ursprünglich schon für 1968 vorgesehene Präsentation der neuen MZ auf die Frühjahrsmesse 1969. Bis dahin hatten sechs Nullserienmaschinen im Dreischichtbetrieb bereits über 100 000 Testkilometer abgespult! Das hatte sich gelohnt, denn bis auf einige Brüche der gegossenen oberen Gabelbrücke bei den ersten Serienmaschinen traten weiter keine größeren Mängel auf.

Sportlich sollte es mit der ETS zugehen, Alltags- und Tourentauglichkeit blieben ein wenig auf der Strecke.

Markteinführung

Die Maschine kam im Verlaufe des Sommers 1969, dem 20. Gründungsjahr der DDR, für 3.280 Mark in den Handel. Das waren 265 Mark mehr, als eine ES 250 / 2 kostete, für den normalen Arbeiter in der DDR zu dieser Zeit noch immer ein halber Jahreslohn.

Die Maschine wurde anfänglich nur in der Farbkombination Rot (Tank, Lampe) und Schwarz ausgeliefert. Ein schlichtes, rechteckiges MZ-Emblem klebte an den Tankseiten.

In der Bundesrepublik bot der Hamburger MZ-Importeur Rüdiger Lienert die Maschine für 2.200 D-Mark mit steuergünstigen 17 PS an. Trotz des Dumpingpreises mit mäßigem Erfolg und nicht den Zahlen, die sich der Außenhandel der DDR so vorgestellt hatte. Aber was sollte man im Westen, wo Motorräder mit Einzylinder-Zweitaktmotor mega-out waren, auch anderes erwarten? Dazu noch die reduzierte Leistung, die die Höchstgeschwindigkeit auf 105 km / h begrenzte.

Da half es auch nichts, dass Ernst Leverkus, genannt Klacks, die Maschine nach seinem ausführlichen Test 1970 auf dem Nürburgring in den höchsten Tönen lobte. Als 1971 das Frankfurter Versandhaus Neckermann in den MZ-Vertrieb einstieg, wurde es etwas besser; insgesamt fanden 1500 ETS 250 den Weg hinter den eisernen Vorhang.

Im Sommer 1969 wurden die ersten ETS 250 ausgeliefert. Rot-schwarze Lackierung, flacher Lenker – für 3.280 Ostmark gab es vorerst keine Wahl.

Zu seiner Zeit ein durchaus gefälliger Zweitakter, zuverlässig und robust aber nur bedingt sportlich. Und niemand ahnte, dass er 20 Jahre später immer noch fast genauso aussehen und es keine Alternative geben würde.

Im Hintergrund die erste Ausführung der ETS mit kleinem Lampengehäuse und weit hervorschauendem Tacho. Vorn sitzt der Tacho tiefer im größeren Scheinwerfer.

Modellpflege

Ab 1971 dann endlich mit dem größeren Scheinwerfer, in dem der Tacho nun etwas abgesenkt saß. Ein rundes, poppiges MZ-Emblem prangte am Tank, der jetzt, zusammen mit dem Scheinwerfer, auch knallgelb lackiert werden konnte. In der Kombination der Farben waren auch silbergraue Schutzbleche möglich. Schließlich gab es wahlweise einen hohen Lenker und zu guter Letzt hinten offene Federbeine. Aber es nützte alles nichts, die MZ ETS 250 Trophy Sport blieb ein Motorrad für Individualisten in Ost und West. Bis 1973 wurden nur ganze 16.266 Exemplare gebaut. Angesichts der Tatsache, dass zu dieser Zeit jedes Jahr über 70 000 Motorräder von den MZ-Bändern liefen, eine eher bescheidene Zahl. Und 13 000 davon blieben übrigens im Inland. Am untersten Ende der Exportzahlen standen vier (!) Maschinen für die USA, einem Markt, von dem man sich ursprünglich viel erhofft hatte.

Werksfoto der 1971er ETS mit hohem Lenker.

Unter anderem mit einem Wartburg-Scheinwerfer versehen, entstanden in Abwandlung der ETS 250 etwa 60 Escort-Maschinen.

Im Verlaufe des Jahres 1971 erschien die ETS 250 leicht überarbeitet: Gelbe Lackierung, silbergraue Kotflügel (das hier verchromte Vorderrad-Schutzblech ist nicht original, aber eine zeittypische Nachbearbeitung) poppiges Tankemblem.

ETS 250 Eskort

Auf Betreiben des Ministeriums für Staatssicherheit entstanden von der ETS 250 insgesamt 60 Eskort-Modelle. Die Maschinen waren mit einer voluminösen Gfk-Vollverkleidung versehen, in die ein rechteckiger Wartburg-Scheinwerfer integriert war. Schwarzer Lack und viel Chrom sorgten dafür, dass die Maschinen repräsentativ waren und z. B. bei Staatsbesuchen eine gute Figur machten. Für etwas mehr Vortrieb sorgte ein Motor aus der Geländesportabteilung, der auch mit einem Fünfgang-Getriebe versehen war. Das hätten sich die Macher der ETS auch gerne für ihre Serienmaschine gewünscht!

Zum guten Schluss: In den verschiedensten Beiträgen der letzten Jahrzehnte zu diesem Motorrad ist immer wieder von »der schönsten MZ aller Zeiten« zu lesen. Das mag jeder individuell und subjektiv für sich entscheiden. Die letzte Zweitakt-Ikone der einst größten Motorradfabrik der Welt bleibt die MZ ETS 250 Trophy Sport aber allemal!

Kurzporträt: Herbert Friedrich

Der am 27. September 1912 im erzgebirgischen Freiberg geborene Herbert Friedrich fing Ende der dreißiger Jahre beim wieder größten Motorrad-Hersteller der Welt, DKW, an zu arbeiten, war nach dem Krieg im Forschungs- und Entwicklungswerk der IFA (FEW) und hielt lange ein Patent auf einen Plattendrehschieber-Einlass für Zweitaktmotoren. Nach dem Abitur begann Friedrich Anfang der dreißiger Jahre ein Ingenieursstudium an der Technischen Akademie in Chemnitz. Auch ohne Diplom erhielt er 1937 einen der begehrtesten Jobs dieser Zeit in der Zentralen Versuchsanstalt (ZVA) der Auto Union am Ufer des Flüsschens Chemnitz. Friedrich, dessen Faible für Zweitaktmotoren schnell erkannt wurde, wechselte zum 1. Dezember 1938 zur DKW-Rennabteilung nach Zschopau und wurde mit der Weiterentwicklung neuer Kompressor-Rennmotoren beauftragt.

Herbert Friedrich auf einem Passfoto, mit dem er 1938 in die Rennabteilung von DKW eintrat.

1940 wurde Herbert Friedrich zur Wehrmacht eingezogen; Ende 1941 wurde er überraschenderweise wieder in den Zivildienst entlassen und konnte nun noch etwa ein Jahr lang an den neuen Kompressormaschinen weiter basteln. Im Herbst 1944 wurde er erneut eingezogen und geriet in Dänemark in englische Kriegsgefangenschaft. Während der Lagerhaft zog er sich eine zunächst nicht erkannte Lungentuberkulose zu, deren Nachwirkungen ihm für den Rest seines Lebens zu schaffen machten.

1946 wurde er von den Sowjets beauftragt, mit einem Teil seines früheren Mitarbeiterstabes einen im Zweitaktprinzip arbeitenden Vierzylinder-Gegenkolbenmotor zu konstruieren und Versuchsmuster zu bauen. Trotz erbärmlicher Zustände gelang es einen Prototypen zu bauen und im Sommer 1948 in einem Motorrad-Fahrgestell zu testen. Doch dann schlug die tückische Krankheit zu. Friedrich, dem Tod näher als dem Leben, verbrachte drei Jahre im Krankenhaus und in der Lungenheilstätte Waldenburg, aus der er erst 1952 wieder entlassen werden konnte.

Im Januar 1953 fing er als Entwicklungsingenieur bei der IFA an. Unter der Leitung von Siegfried Rauch wurde er gleich mit der Weiterentwicklung eines Einlass-Drehschiebers für Zweitaktmotoren beauftragt. Doch zunächst widmete sich Friedrich dem Einlassdrehschieber der Straßenrennversion der RT 125 (RT 125 DD), die erste Erfolge auf der Rennstrecke verbuchen konnte und mit zum Grundstein späterer MZ-Siege wurde.

Friedrich und Rauch entwickelten in diesen Jahren auch einen Platteneinlass-Drehschieber für den späteren Kleinwagen »Trabant«, der ihnen auch patentiert wurde.

1954 wechselte Herbert Friedrich nach Zschopau, wo er Leiter der Versuchsabteilung des IFA-Motorradwerkes wurde. Hier galt es zunächst, die gute alte RT 125 zu modernisieren und für weitere Produktionsjahre flott zu machen. Friedrich steigerte die Leistung des kleinen Zweitakters von 4,75 auf schließlich 6,5 PS und Fahrwerk, Elektrik, Antrieb und viele Kleinigkeiten wurden bis zum Modell MZ 125 / 3, dessen Produktion erst 1962 auslief, ständig verbessert.

Für die Zschopauer Produktion arbeiteten die Entwicklungsingenieure inzwischen mit Hochdruck an den ES-Vollschwingenmodellen, die 1956 auf den Markt kamen. Die von Friedrich favorisierte Vorderradschwinge mit vielen hochinteressanten Details gehörte zum Besten, was Motorradbauerkunst Mitte der fünfziger Jahre auf die Straße brachte. Selbst westliche Fachleute lobten Fahrstabilität und Komfort der ES 250 und ES 175 in den höchsten Tönen.

Bis ins hohe Alter von 79 Jahren fuhr Herbert Friedrich nahezu täglich Motorrad. Natürlich immer eine MZ, wie hier die ES 250/1.

Wenn Herbert Friedrich das Zschopauer Werk zum Feierabend verließ, hieß das übrigens noch längst nicht, dass auch wirklich Feierabend war. Nicht selten nahm er eine Versuchsmaschine mit nach Hause und spulte noch diverse Testkilometer ab. Oder er beauftragte einen seiner Söhne (Friedrich hatte vier Kinder, die alle selbst Motorrad fuhren – auch seine Frau übrigens) noch ein paar Hundert Kilometer zu fahren. Von diesen Fahrten profitierte nicht zuletzt die elastische Motoraufhängung der 1967 erschienenen ES 250 / 2.

Neben diesen Maschinen war die ab 1968 gebaute ETS 250, mit Telegabel und »Büffeltank« als sportliches Pendant zu den ES-Modellen ein letzter Höhepunkt in Friedrichs Konstrukteurs-Karriere. Freilich hatte er mit den Konstruktionen selbst inzwischen nicht mehr allzu viel zu tun, konnte seine Erfahrungen aber immer noch in starkem Maße mit einbringen. In der Versuchsabteilung war er der unumstrittene Chef. Bei seinen Vorgesetzten machte sich, speziell mit Beginn der Ära Honecker, oft Unmut darüber breit, dass Friedrich parteilos war und sich davon auch nicht abbringen ließ. Das machte das Agieren für den noch dazu mit sachlicher Kritik nicht zurückhaltenden Sachsen nicht einfacher. Dazu kam, dass mit der Gründung des Zweiradkombinates die Entscheidungs-

Die ETS 125/150 lehnte sich optisch an die größere Schwester an, der Tank war weniger spektakulär.

gewalt im Motorradbau der DDR nach Suhl verlagert wurde, und sich die Zschopauer nicht selten benachteiligt fühlten. Herbert Friedrich begann – wie viele seiner Mitbürger auch – die Lust an der Arbeit unter diesen Bedingungen zu verlieren. Zusammen mit seinen immer noch von der Tuberkulose herrührenden gesundheitlichen Problemen, gab es genügend Argumente für Herbert Friedrich, 1972 aus dem Berufsleben auszuscheiden. Der damals 60jährige war aber noch lange als freier Mitarbeiter der Zeitschrift *Kraftfahrzeugtechnik* (KFT) tätig und fuhr noch bis zu seinem 79. Lebensjahr Motorrad. Eine MZ selbstverständlich.

ETS 125 und ETS 150

Kurz nach Serienanlauf der 250er gingen die kleinen Motorräder ebenfalls mit geändertem Vorderbau – wenn auch nicht so spektakulärem Tank – als ETS 125 / 150 in Serie. Der Produktionszeitraum bis 1973 war – zumindest für MZ-Verhältnisse – recht kurz. Allerdings war eine grundlegende Neuentwicklung dringend notwendig und so sprach MZ von einer »Zwischenlösung«. Wie auch immer, die neuen Modelle (inklusive der ES-Reihe) waren auch im Ausland sehr gefragt und gingen in 65 Länder. 1971 erreichte der Exportanteil erstmals die 50 Prozent Marke. Seit 1969 versuchte der Neckermann-Versand – mit gutem Servicenetz – die MZ-Modelle auch in Westdeutschland zu verkaufen. Obwohl dies durchaus erfolgreich verlief, war das Versandhaus-Image für MZ nicht unbedingt zuträglich. Für die im Westen Deutschlands angebotenen Maschinen sind die Preise vom Ersterscheinungsjahr in den Tabellen in Klammern gesetzt.

Auch bei den kleinen ETS-Modellen gab es die Farbkombinationen analog zur 250er und auch hier waren tiefe wie hohe Lenker möglich.

Museumsstück: Lange Zeit in der Versenkung verschwunden, sind die raren 125er und 150er ETS-Modelle inzwischen gesuchte DDR-Klassiker.

Wer's individuell mag: Sehr schön restaurierte und in schwarz lackierte ETS 150.

Modell	ETS 250	ETS 250 Eskort	ETS 125	ETS 150
Bauart	Motorrad	Eskorte-Modell	Motorrad	Motorrad
Motor	MZ-Zweitakt	MZ-Zweitakt	MZ-Zweitakt	MZ-Zweitakt
Hubraum ccm	243	243	123	143
Leistung PS	19 (BRD 17)	27,5	10	11,5
bei Drehzahl 1/min	5350 (5400)	5500 – 6000	6150	6150
Drehmoment mkg	k. A.	1,25	1,4	
bei Drehzahl 1/min	4900	k. A.	5250	5250
Zylinderzahl	1	1	1	1
Bohrung/Hub mm	69 / 65	69 / 65	52 / 58	56 / 58
Verdichtung :1	10	10	10	10
Gassteuerung	Umkehrspülung	Umkehrspülung	Umkehrspülung	Umkehrspülung
Kühlung	Fahrtwind	Fahrtwind	Fahrtwind	Fahrtwind
Vergaser	BVF	BVF	BVF	BVF
Durchlass mm	28	30	22	24
Starter	Kick	Kick	Kick	Kick
Zündung	Batterie	Batterie	Batterie	Batterie
Kraftübertragung				
Getriebe/Gangzahl	4	5	4	4
Hinterradantrieb	Kette	Kette	Kette	Kette
Fahrwerk				
Rahmen	Stahlrohr	Stahlrohr	Pressstahl mit Alu-Guss-Heck	Pressstahl mit Alu-Guss-Heck
Federung vorn	Telegabel	Telegabel	Telegabel	Telegabel
Federung hinten	Schwinge mit Federbeinen	Schwinge mit Federbeinen	Schwinge mit Federbeinen	Schwinge mit Federbeinen
Bremse vorn	Trommel 160 mm	Trommel 160 mm	Trommel 150 mm	Trommel 150 mm
Bremse hinten	Trommel 160 mm	Trommel 160 mm	Trommel 150 mm	Trommel 150 mm
Reifen vorn	2.75-18	3.00-18	2.75-18	2.75-18
Reifen hinten	3.50-16	3.50-16	3.00-18	3.00-18
Maße und Gewichte				
Tankinhalt Liter	22	22	9	9
Radstand mm	1380	1380	1305	1305
Leergewicht kg	151	160	117	117
Höchstgeschwindigkeit km/h	120 (105)	120	100	105
Baujahre	1969 – 73	1969 – 73	1969 – 73	1969 – 73
Stückzahl	16 266	60	4 860	14 042
Preis DM Ost (West)	3.280 (2.250)	k. A.	2.350	2.530 (1.498)

Die TS 250/1, ab 1976 mit neuem Zylinder und serienmäßigem Drehzahlmesser produziert.

Die TS-Modelle und das MZ-Werk IV

Die TS-Modelle und das MZ-Werk IV

Die äußerst praktische und einst hochmoderne ES 250 war zu Beginn der 70er Jahre aus der Zeit gefallen. Im Inland war die Nachfrage zwar weiterhin hoch, aber exportieren ließ sich die Maschine – vor allem ins Devisen bringende, westliche Ausland – nicht mehr. Das galt ähnlich für die eher unpraktische ETS 250, für die selbst im Inland die Nachfrage schwach geblieben war. Aus beiden Maschinen die Mischung zu finden, einerseits ein alltagstaugliches, praktisches und robustes Motorrad, das anderseits auch den jugendlichen und Jung gebliebenen Interessenten ansprach – das war die Herausforderung, vor der die Zschopauer Motorradbauer standen.

Die TS 250

Im April 1973 erschien mit der TS 250 ein komplett überarbeitetes Motorrad mit Zentral-Brückenrohrrahmen, neuer Telegabel und unterschiedlichen Ausstattungsvarianten (u. a. hoher oder flacher Lenker). Das Fahrwerk kennzeichnete jetzt außerdem ein 16-Zoll-Rad vorn und hinten, das einen längeren Federweg (185 mm) der Telegabel ermöglichte. Der Motor sollte ursprünglich eine völlige Neukonstruktion werden; es blieb dann aber aus Mangel an Investitionsmitteln bei dem, wenn auch detailverbesserten Triebwerk der ES 250 / 2. Es war nun drehbar um die Schwinge gelagert und vorne elastisch mittels Gummielement zwischen Zylinderkopf und Rahmen befestigt. 19 PS leistete der Motor jetzt und brauchte nur noch im Verhältnis 1:50 geschmiert werden. Der Hinterradantrieb wurde überarbeitet und deutlich verbessert. Erwähnenswert außerdem: Die aus den Enduro-Maschinen bekannte elastische Regleraufhängung wurde für die TS übernommen und der Kunde erhielt beim Kauf einen vollen Satz Ersatzglühbirnen.

Mit dem Ende der Produktion der ES / 2-Modelle endete auch die Ära der 175er in Zschopau, so dass bei den Serienmaschinen bis zur politischen Wende in der DDR nur noch die Hubraumgrößen 125, 150 und 250 cm^3 angeboten wurden.

TS 125 und TS 150

Im Juni 1973 bekamen die kleinen ETS-Modelle einen ähnlichen Tank wie die 250er und mit einer neuen Sitzbank avancierten sie ansonsten unverändert zur TS 125 / 150. Das bedeutete, Rahmen und Hinterbau stammten immer noch von den ES-Modellen aus dem Jahre 1962. Und selbst wenn es ab 1978 eine Luxusausführung mit Drehzahlmesser gab, blieben diese Maschinen nahezu unverändert bis 1985 im Angebot.

1973 wurden in Zschopau erstmals über 80 000 Motorräder gebaut und mit mehr als 90 000 Zweirädern erreichte die Produktion 1975 ihren Höhepunkt.

1973 löste die MZ TS 250 gleichzeitig die ES und die ETS in dieser Hubraumklasse ab.

Auf Grund fehlender Investitionsmittel musste der Motor der neuen TS im Wesentlichen von der ES 250/2 übernommen werden. Hier das Werksfoto des Modells mit hohem Lenker.

Mit der Tank-Scheinwerfer-Optik der 250er TS, aber immer noch mit dem gesamten Hinterbau der ES-Modelle, erschienen im Sommer 1973 die TS 125 und 150.

Tachometer und Drehzahlmesser auf dem »Instrumentenboard« der TS-de Luxe-Modelle.

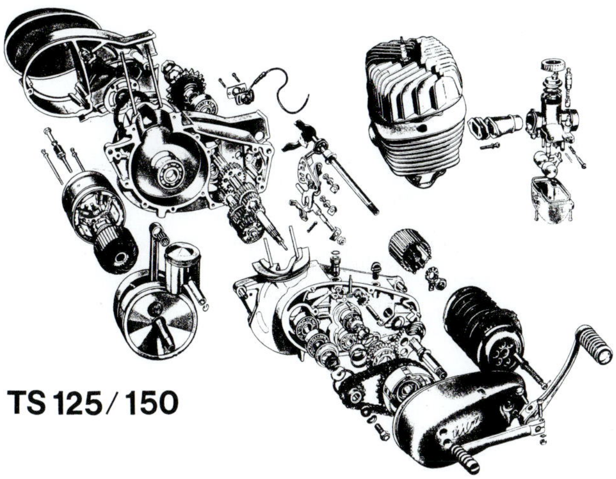

Genauso wie Rahmen und Hinterbau stammte auch der Motor der kleinen TS-Modelle im Wesentlichen immer noch von den ES-Vorgängern ab.

Mit der Einführung der TS 250/1 erfuhren auch die kleinen Modelle 1976 kleine Fahrwerkverbesserungen, ohne dass sich die Typenbezeichnung änderte.

Die TS 250/1

Am 1. September 1976 rollte die erste, überarbeitete 250er als TS 250/1 – jetzt wieder mit 18-Zoll-Vorderrad, neuem Kotflügel und überarbeitetem Trieb- und Fahrwerk vom Montageband. Eine neue Telegabel aus Leichtmetall hatte jetzt einen Führungsrohr-Durchmesser von 35 mm (TS 250 32,4 mm). Grauguss-Bremsringe ersetzten die alten Bandstahl-Elemente. Charakteristisch waren der horizontal verrippte Zylinderkopf und ein Drehzahlmesser auf einem »Instrumentenbord« für die Luxusausführung. Endlich konnten fünf Gänge eingelegt und auch wieder ein Seitenwagen angebaut werden (die TS 250 galt anfangs als nicht seitenwagentauglich, was bedeutete, dass MZ – und damit die DDR – einige Zeit lang keine Seitenwagenmaschine anbieten konnte!). Das Getriebe war eine fast komplette Neukonstruktion, das den Schalt-

125 oder 150 cm³, flacher oder hoher Lenker, rot, grün oder blau lackiert: In der »de Luxe«-Variante hatten die kleinen Maschinen ab 1978 einen Drehzahlmesser auf dem »Instrumentenboard«.

Die TS 250/1 ist leicht an ihrem charakteristischen Zylinderblock erkennbar. Das Fünfganggetriebe galt als wesentliche Weiterentwicklung.

vorgang selbsttätig zu Ende führte und so butterweiches Schalten ermöglichte.

TS 250 A, TS 250/1 A und TS 250 VP

Nach dem Modellwechsel in Zschopau und dem Ende der ES 250/2 wurde für die Nationale Volksarmee (NVA) die TS 250 A ausgeliefert. Gegenüber dem normalen Serienmodell waren eine straffere Federung, ein verstärkter Rahmen, Kofferhalter, sowie ein höher verlegter, kürzerer Auspuff und Einzelsitze obligatorisch. Mit dem Wechsel zum /1-Modell erhielt dann auch die TS 250/1 A die Neuerungen der zivilen Variante, behielt aber das 16-Zoll-Vorderrad an Stelle des 18ers bei.

Mit der Einführung der TS erschien 1973 auch eine offizielle Variante für die Volkspolizei. Die TS 250 VP wies die Einzelsitze und Kofferhalter der Armee-Variante auf und war vor allem durch die Beinschilder (gab es auf dem Zubehörsektor auch für die zivilen Modelle) und die hohe Windschutzscheibe gekennzeichnet.

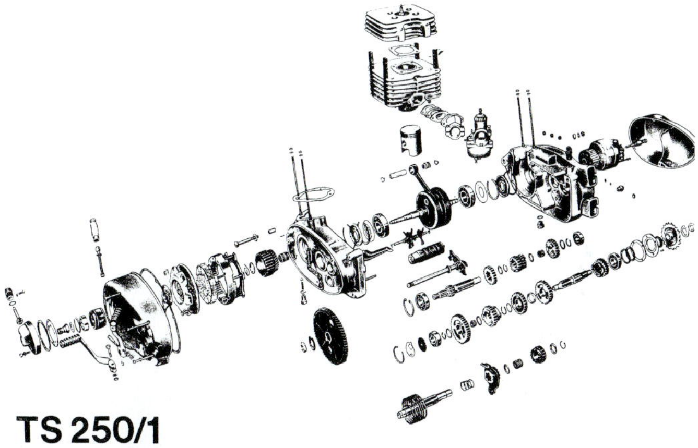

Das Getriebe der TS 250/1 war eine komplette Neukonstruktion, der Motor selbst musste sich mit kosmetischen Änderungen begnügen.

Eine MZ TS 250/1, Baujahr 1980. In jenem Jahr verließen in Zschopau 80 500 Motorräder die Montagebänder.

Die TS 250 in Armeeausführung und in diesem speziellen Fall als Exportmodell für die Vereinigten Arabischen Emirate.

Und so sah die TS 250/1 A für die Kradmelder der Nationalen Volksarmee der DDR aus.

Mit der TS 250 VP durfte auch in der offiziellen Presse der DDR erstmals ein Motorrad für die Volkspolizei vorgestellt werden. Im Bild das weiterentwickelte Funkkrad der Volkspolizei auf Basis der TS 250/1.

Modell	TS 250	TS 125	TS 150	TS 250 A
Bauart	Motorrad	Motorrad	Motorrad	Militärkrad
Motor	MZ-Zweitakt	MZ-Zweitakt	MZ-Zweitakt	MZ-Zweitakt
Hubraum ccm	243	123	143	243
Leistung PS	19 (BRD 17)	10	11,5	19
bei Drehzahl 1/min	5350 (5400)	6150	6150	5350
Drehmoment mkg	2,6	1,25	1,4	2,6
bei Drehzahl 1/min	4900	5250	5250	4900
Zylinderzahl	1	1	1	1
Bohrung/Hub mm	69 / 65	52 / 58	56 / 58	69 / 65
Verdichtung :1	10	10	10	10
Gassteuerung	Umkehrspülung	Umkehrspülung	Umkehrspülung	Umkehrspülung
Kühlung	Fahrtwind	Fahrtwind	Fahrtwind	Fahrtwind
Vergaser	BVF	BVF	BVF	BVF
Durchlass mm	30 (26)	22	24	30
Starter	Kick	Kick	Kick	Kick
Zündung	Batterie	Batterie	Batterie	Batterie
Kraftübertragung				
Getriebe/Gangzahl	4	4	4	4
Hinterradantrieb	Kette	Kette	Kette	Kette
Fahrwerk				
Rahmen	Parallelrohr-Brückenr. m. angeschw. Heckteil	Pressstahl mit Alu-Guss-Heck	Pressstahl mit Alu-Guss-Heck	Parallelrohr-Brückenr. m. angeschw. Heckteil
Federung vorn	Telegabel	Telegabel	Telegabel	Telegabel
Federung hinten	Schwinge mit Federbeinen	Schwinge mit Federbeinen	Schwinge mit Federbeinen	Schwinge mit Federbeinen
Bremse vorn	Trommel 160 mm	Trommel 150 mm	Trommel 150 mm	Trommel 160 mm
Bremse hinten	Trommel 160 mm	Trommel 150 mm	Trommel 150 mm	Trommel 160 mm
Reifen vorn	3.00-16	2.75-18	2.75-18	3.50-16
Reifen hinten	3.50-16	3.00-18	3.00-18	3.50-16
Maße und Gewichte				
Tankinhalt Liter	12,5 o. 17,5	12,5	12,5	17,5
Radstand mm	1355	1305	1305	1355
Leergewicht kg	140 o. 144	114	114	155
Höchstgeschwindigkeit km/h	120 (115)	100	105	115
Baujahre	1973 – 76	1973 – 85	1973 – 85	1973 – 76
Stückzahl	110 899	200 000	200 000	k. A.
Preis DM Ost (West)	3.220 (2.490)	2.350 (1.675)	2.375 / de luxe 2.700 (1.675)	k. A.

Modell	TS 250 VP	TS 250/1	TS 250/1 A
Bauart	Polizeikrad	Motorrad	Militärkrad
Motor	MZ-Zweitakt	MZ-Zweitakt	MZ-Zweitakt
Hubraum ccm	243	243	243
Leistung PS	19	19 (BRD 17)	19
bei Drehzahl 1/min	4350	5350 (5400)	5350
Drehmoment mkg	2,6	2,6	2,6
bei Drehzahl 1/min	4900	4900	4900
Zylinderzahl	1	1	1
Bohrung/Hub mm	69 / 65	69 / 65	69 / 65
Verdichtung :1	10	10	10
Gassteuerung	Umkehrspülung	Umkehrspülung	Umkehrspülung
Kühlung	Fahrtwind	Fahrtwind	Fahrtwind
Vergaser	BVF	BVF	BVF
Durchlass mm	30	30	30
Starter	Kick	Kick	Kick
Zündung	Batterie	Batterie	Batterie
Kraftübertragung			
Getriebe/Gangzahl	4	5	5
Hinterradantrieb	Kette	Kette	Kette
Fahrwerk			
Rahmen	Parallelrohr-Brückenr. m. angeschw. Heckteil	Parallelrohr-Brückenr. m. angeschw. Heckteil	Parallelrohr-Brückenr. m. angeschw. Heckteil
Federung vorn	Telegabel	Telegabel	Telegabel
Federung hinten	Schwinge mit Federbeinen	Schwinge mit Federbeinen	Schwinge mit Federbeinen
Bremse vorn	Trommel 160 mm	Trommel 160 mm	Trommel 160 mm
Bremse hinten	Trommel 160 mm	Trommel 160 mm	Trommel 160 mm
Reifen vorn	3.00-16	2.75-18	3.50-16
Reifen hinten	3.50-16	3.50-16	3.50-16
Maße und Gewichte			
Tankinhalt Liter	17,5	17,5	17,5
Radstand mm	1355	1355	1355
Leergewicht kg	160	145	160
Höchstgeschwindigkeit km/h	115	120 (115)	120
Baujahre	1973 – 76	1976 – 81	1976 – 81
Stückzahl	k. A.	140 000	k. A.
Preis DM Ost (West)	k. A.	de luxe 3.322 (2.690)	k. A.

Motorrad-Seitenwagen

Motorrad-Seitenwagen spielten in ganz Deutschland nach dem Zweiten Weltkrieg sowohl in der Personen- als auch in der Lastenbeförderung eine bedeutende Rolle. Der Krieg hatte nur wenige Automobile überleben lassen und die Fertigung von Neuwagen kam sehr schwer wieder in Gang. Und leisten konnten sich die sowieso die Wenigsten. Ein an ein altes oder neues Motorrad gebauter Seitenwagen reichte zur großen Tour für Kind und Kegel oder zum Transport der Utensilien eines Handwerksmeisters. In der DDR, wo der Wunsch nach einem Automobil oft Jahrzehnte unerfüllt bleiben musste, war das Motorrad mit Seitenwagen häufiger und länger im alltäglichen Einsatz, als das im Westen der Fall war. Planwirtschaftlich gesteuert lief die Beiwagen-Fertigung nach 1961 auf einen Hersteller (MZ) hinaus.

Stoye SM und UR

Der Leipziger Mechaniker Walter Stoye und sein motorradsportbegeisterter Freund Hans Mittenzwei begannen Anfang der 1920er Jahre erst für sich, dann für andere Motorradsportler Motorrad-Seitenwagen zu bauen. Ab 1925 fertigte der »Stoye Fahrzeugbau Leipzig« Seitenwagen in Serie und avancierte mit unzähligen verschiedenen Modellen in den 1930er Jahren zum führenden deutschen Anbieter in diesem Metier. Hitlers Aufrüstung sorgte für einen zusätzlichen Schub und schließlich dafür, dass tausende Stoye-Seitenwagen nebst ihren Antriebsmaschinen in afrikanischem Wüstensand oder russischem Schlamm versanken.

Die MZ BK 350 mit dem ersten, nach dem Zweiten Weltkrieg bei Stoye gefertigten Seitenwagen Typ SM.

1949 durfte Stoye dann wieder mit der Fertigung beginnen, in Zusammenarbeit mit der AWTOWELO und für deren in Eisenach und Suhl gefertigten Maschinen R 35 und AWO, die zu dieser Zeit noch ausschließlich für sowjetische Bedarfsträger bestimmt waren.

Das erste Modell mit der Bezeichnung SM war die nahezu unveränderte Fortführung der Vorkriegstypen HS Standard und HS Luxus. Das »S« stand jeweils für Sport, was vor allem bedeutete, dass es am Heck Gepäckschienen zur Aufnahme eines Koffers, aber keinen Kofferraum gab. Die Karosserie aus Aluminium und Stahlblech lief am Bug sehr spitz zu, was den Füßen des Passagiers nur wenig Freiraum ließ.

Parallel zum SM-Modell legte Stoye 1952 auch wieder einen Lasten-Seitenwagen auf, der an das Transport-Standard-Modell aus Vorkriegszeiten erinnerte. Der jetzt »UR« genannte Anhänger mit verschließ-

Ab 1954 konnte das Boot in etwas breiterer Form als Modell TM (Touren-Modell) geordert werden. Im Bild die Kombination mit der BK 350.

Hauptsächlich für die Deutsche Post baute Stoye ab 1952 den Lasten-Seitenwagen Typ UR. Hier montiert an einer BMW R 35.

barem Deckel und knapp einem halben Kubikmeter Ladevolumen war in erster Linie für die neu gegründete Deutsche Post gedacht, ging aber auch an andere Behörden und in Ausnahmefällen sogar mal an private Handwerksbetriebe. Die Auslieferung erfolgte in der Regel immer an der Seite einer AWO 425, bzw. Simson 425 T.

Stoye TM und TS

Dem Wunsch nach mehr Platz im Boot kam Stoye 1954 mit dem Typ »TM« nach, was für Touren-Modell stand. Ein breiter Aluminiumsteg vorn zwischen den beiden Karosserie-Hälften sorgte für mehr Beinfreiheit, ein geänderter Rahmen samt Federung für mehr Komfort und im höhergezogenen Heck mit Klappe konnte nun Gepäck verstaut werden. Als Ableger vom TM folgte 1956 der »TS«, was für Touren-Sport und einen fehlenden Kofferraum stand. Wie beim SM-Modell gab es hier wieder Gepäckschienen, an denen die Bagage festgezurrt werden konnte.

Stoye EL

Mit dem Stoye EL kam dann 1958 ein Seitenwagen mit einem völlig neu konstruierten Fahrwerk auf den DDR- und Exportmarkt. Da es inzwischen nahezu ausschließlich Motorräder mit Hinterrad-Schwinge gab, hatte die Firma Stoye eine Seitenwagen-Schwinge entwickelt, die, mit der des Motorrads verbunden, am Rahmen drehbar gelagert war und sich wie ein Drehstab verwinden konnte. Dadurch

Der ab 1958 angebotene Stoye EL hatte zunächst noch das Boot des Vorgängers, war aber am geänderten Fahrgestell erkennbar, das in diesem Fall mit der Hinterradschwinge der ES 250 verbunden war.

Als »Superelastik-Seitenwagen« mit völlig neu konstruiertem Boot kam der weiterentwickelte Stoye 1961 auf den Markt und (in diesem Fall) an die ES 250/1,…

… oder die ES 250/2.

erlangte die Verbindung von Maschinen-Hinterrad und Seitenwagenrad eine gewisse Elastizität, was dem Beiwagen auch seinen Namen einbrachte: Das EL stand für »Elastik«. Im Inland wurde dieser Seitenwagen, dessen Boot gegenüber dem TM-Typ unverändert blieb, an die Simson 425 und die MZ-Typen ES 250 und ES 300 geschraubt. Diese Kombination ließ recht hohe Kurvengeschwindigkeiten zu und erhöhte den Fahrkomfort auf ostdeutschen Pflasterstraßen ungemein.

Unter MZ-Aufsicht: SEL

1961 wurde der Stoye-Fahrzeugbau teilverstaatlicht und unter die Oberaufsicht von MZ in Zschopau gestellt. Im gleichen Jahr kam mit dem Typ »SEL« ein neuer Seitenwagen heraus, der nun nichts mehr mit den spitz zulaufenden Bugformen aus Vorkriegszeiten zu tun hatte. Eine moderne, breite Karosserieform schaffte genügend Beinfreiheit und das aufklappbare Vorderteil erleichterte den Einstieg. Das Seitenwagen-Fahrgestell war jetzt auf einem eigenen Federbein (von der ES

Ab 1964 entstanden auf der Basis des SEL einfache, wannenförmige Lastenbeiwagen.

150) abgestützt und durch eine spezielle Verbindung der beiden Schwingen konnten nun Seitenwagenrad und Motorrad-Hinterrad unabhängig voneinander einschwingen, was den Komfort weiter erhöhte. Mit geringfügigen Änderungen und an das jeweils aktuelle 250er MZ-Motorrad angepasst, wurde der SEL bis in die Nachwendezeit hinein gebaut. Ab 1972 wurde die Stoye-Fabrik komplett enteignet und als »MZ Werk IV« weitergeführt. Der letzte Geschäftsführer, Hans Mittenzwei, musste sich mit 60 000 Ostmark Abfindung zufrieden geben.

Auf dem Chassis des SEL entstanden ab 1964 einige tausend Lastenbeiwagen mit einem einfachen, wannenförmigen Aufbau. In erster Linie für Handwerksbetriebe gedacht, fand man diese Fahrzeuge auch bei Behörden, der Armee oder den Grenztruppen der DDR.

Bleibt zu erwähnen, dass bei Stoye zahlreiche Spezialseitenwagen für den Straßenrennsport und für Moto-Cross-Einsätze gebaut wurden.

Der Typ SEL wurde bis nach der politischen Wende in der DDR gebaut und den jeweils aktuellen MZ-Motorrädern – hier die ETZ 251 – angepasst. Inzwischen mit einigen Detailänderungen z. B. an der Beleuchtungsanlage und dem Kotflügel.

Die MZ TS 250/1 in Militärausführung für die NVA, mit dem Superelastik-Lastenbeiwagen.

Eine individuell restaurierte TS 250/1 von 1980, die ES 250/2 mit Superelastic-Seitenwagen und mit gleichem Beiboot eine ebenfalls nicht ganz originale TS 250/1 von 1978 (v.l.n.r.).

Fahrwerksseitig war die 1981 erschienene ETZ 250 die letzte Neukonstruktion der Viertelliter-Maschinen zu DDR-Zeiten.

Die ETZ-Modellreihen und die MZ 500 R

Die ETZ-Modellreihen und die MZ 500 R

Irgendwie war es schon erstaunlich: 1980 baute MZ noch immer ein Einzylinder-Zweitaktmotorrad, mit inzwischen längst überholter Technik und vor allem überholtem Design. Aber die Maschinen wurden immer noch in großen Stückzahlen im In- und Ausland abgesetzt. 80 500 Motorräder liefen 1980 bei MZ vom Band. Dennoch hatten die Konstrukteure im Rahmen ihrer nur noch sehr bescheidenen Möglichkeiten ein neues Modell im Petto.

ETZ 250

1981 erschien endlich ein neues Top-Modell aus Zschopau: Die ETZ 250 (ETZ stand für Einzylinder Telegabel Zentralkastenrahmen) ging ab April in die Serienproduktion. Neue, gestreckte Linienführung mit 18-Zoll-Rädern vorn und hinten, Kastenprofil-Brückenrahmen ohne Unterzug, 12-V-Bordspannung mit Drehstromlichtmaschine sowie Scheibenbremsen vorn und H4-Scheinwerfer für die Luxusausführung waren die wichtigsten Eckpunkte. Das Triebwerk blieb in seinem

Die ETZ 250 in der de Luxe-Ausführung mit Drehzahlmesser und Scheibenbremse vorn.

Wesentliche Neuerung an der ETZ war der Kastenprofil-Brückenrahmen ohne Unterzug.

Grundkonzept weiter unverändert; für den Export konnte aber nun eine Getrenntschmierung geordert werden. Die Leistung war jetzt auf 21 PS gestiegen.

Inzwischen war die Zeit der über Jahrzehnte festgeschriebenen Endverbraucherpreise in der DDR vorbei. Gebrauchswerterhöhung gleich Preiserhöhung hieß die Devise der Wirtschaftspolitik, um die hohe Kaufkraft des Volkes abzuschöpfen. Daran hielt man sich natürlich auch bei MZ. Hatte die TS 250 / 1 de luxe noch 3322 Mark gekostet, mussten Käufer für die neue ETZ de luxe fast 1000 Mark mehr hinblättern!

Mit der Einführung der ETZ verschwand auch die Schwinge als MZ-Symbol; die beiden fetten Buchstaben MZ wurden ab jetzt mit dem IFA-Zeichen verbunden. So gekennzeichnet rollte 1983 das zweimillionste Motorrad seit 1950 von den Zschopauer Montagebändern.

Diese Halbverkleidung konnte für die ETZ 250 offiziell als Zubehör geliefert werden.

MZ-Gespanne hatten in der Bundesrepublik immer ihre treuen Fans. Preiswerter konnte man zu dritt auch im Westen nicht unterwegs sein.

Die vordere Scheibenbremse und eine Frischöldosierung blieben auch bei den kleinen Zweitaktern den de Luxe-Ausführungen – sprich dem Export – vorbehalten.

23 Jahre hatte es gedauert, ehe die wirklich neuen ETZ 125/150 die auf ES-Basis aufgebauten Vorgänger ablösen durften.

ETZ 125 und ETZ 150

Mit schickem Design gab es 1985 endlich auch für die Kleinen einen Modellwechsel: Die ETZ 125 / 150-Modelle verfügten nun auch über fünf Getriebegänge und eine 12-V-Elektrik. Nach 23 Jahren (!) löste ein Zentralkastenrahmen den alten ES-Rahmen ab. Scheibenbremse und separate Öldosierung blieben Option für die de luxe-Ausführung und sowieso überwiegend dem Export vorbehalten. Übrigens konnte die 125er in der DDR schon lange kaum noch abgesetzt werden und ging fast ausschließlich in den Export. Auf Grund der geltenden Führerscheinregelung blieb die 150er hingegen im Inland nach wie vor interessant.

Für Volksarmee und Polizei

Natürlich gab es mit der Einführung der ETZ-Modelle parallel zu den zivilen 250er Straßenmaschinen auch wieder je eine Version für die Volksarmee und die Polizei. Beide Maschinen waren in der Motor-

Natürlich gab es mit der ETZ 250/A auch vom neuen Zschopauer Modell wieder eine militärische Variante mit geänderten Fahrwerks- und Motordaten.

Die ETZ 250 VP mit dem Hilfsrahmen für Funkanlage und Gepäckkoffer.

Die Verkleidung für die neue ETZ-Polizeimaschine war im Windkanal entwickelt worden.

leistung zugunsten eines besseren Durchzugs auf 17 PS gedrosselt. Die NVA-Maschine erhielt zudem ein breiteres Vorderrad, die üblichen Packtaschen und auf einen Hilfsrahmen montierte Einzelsitze. Bei der VP-Maschine trug dieser Hilfsrahmen neben der kurzen Sitzbank noch Funk- und Gepäckkoffer. Eine im Windkanal entwickelte Verkleidung mit hoher Scheibe sorgte für besten Windschutz.
Mit dem Modellwechsel zur ETZ 251 änderten sich die technischen Parameter der Polizei- und Armeemaschinen entsprechend, die Ausstattungen blieben jedoch nahezu unverändert.

Die ETZ 251

Am 14. Dezember 1988 ging die ETZ 251, wieder geteilt in Standard- und de luxe-Ausführung, in Zschopau an den Start. Die Ölpumpe war jetzt für alle Modelle ebenso obligatorisch wie die Elektronikzündung.

Die ETZ 251 in militärischer Basisvariante, die je nach Einsatzgebiet oder Exportland lackiert und vervollständigt werden konnte. (Foto: Ralf Christian Kunkel)

Nicht nur, dass die Konstrukteure bei der neuen 250er die gestalterischen Elemente, wie Tank und Seitendeckel, den kleinen ETZ-Modellen entliehen hätten, nein, die neue 250er musste auch noch in das kleinere Fahrgestell gepresst werden, da dieses deutlich bessere Fahreigenschaften aufwies. Als dies schließlich mittels neuem Zylinder und geänderter Auspuffanlage gelungen war, hagelte es dennoch harsche Kritik. Anfangs von den Motorradfahrern selbst, dann schließlich aber auch von der Fachpresse, die nach dem 9. November 1989 kein Blatt mehr vor den Mund zu nehmen brauchte. Zweifellos kein guter Start in ein neues Zeitalter, in dem Einzylinder-Zweitakt-Monotonie kaum noch eine Chance hatte. Dies galt besonders nach dem 1. Juli 1990, als die immer noch prallgefüllten Auftragsbücher aus sozialistischen Exportländern nur noch Makulatur waren, weil die harte D-Mark nun einziges Zahlungsmittel war und die früheren Tauschgeschäfte nicht mehr galten.

Die ETZ 301

Trotzdem arbeiteten die Ingenieure nun mit Hochdruck an einer Modellerweiterung, um zu retten, was noch zu retten war. Mitte 1990 erschien zunächst eine aufgebohrte 250er als ETZ 301 mit einem bärenstarken Durchzug. Sie stellte das letzte Zweitakt-Motorrad von MZ zu DDR-Zeiten dar. Alle Zweitakter konnten nun auch als Off-Road-Variante geordert werden – was aber fast reine Theorie blieb. Das Interesse an den Zweitaktern aus dem Dischautal ging nach der Grenzöffnung und der damit hereinbrechenden Welle von westlichen Gebrauchtmotorrädern innerhalb weniger Monate gegen Null.

Die ETZ 251, die letzte DDR-Zweitaktschöpfung aus Zschopau, kam bei den ostdeutschen Motorradfans nicht besonders gut an, erst recht nicht mehr, als der eiserne Vorhang gefallen war.

MZ 500 R

Welche rasante Talfahrt MZ innerhalb weniger Monate nach der Grenzöffnung am 09. November 1989 durchlebte, zeigt ein Blick auf die Belegschaftszahlen. Im Januar 1990 waren 3200 Menschen beim ostdeutschen Motorrad-Hersteller beschäftigt, im Jahr darauf standen noch 1950 Mitarbeiter in Lohn und Brot und zwei Jahre später nur noch gan-

Die neue 250er erhielt nicht nur die Designelemente der kleineren Maschinen, sie musste auch noch in deren Fahrgestell gepresst werden.

ze 250. Entsprechend sahen die Produktionszahlen aus: 1989 verließen mehr als 76 000 Maschinen das MZ-Werk, 1991 konnten noch 17 700 Motorräder produziert werden und 1992 nur noch 1162. Eine der gerade eben noch größten Motorradfabriken der Welt erreichte in Deutschland nicht einmal mehr einen Marktanteil von einem Prozent!

Allen Beteiligten war klar, dass man, um weiter irgendwie am Markt mitmischen zu können, dringend ein Viertaktmotorrad lancieren musste. Und das stellte das am 1. September 1990 von der Treuhand-Anstalt in die MZ GmbH umgewandelte MZ-Werk dann auch wenige Tage später zur IFMA in Köln vor. Es handelte sich faktisch um eine ETZ mit angepasstem Fahrgestell, der man den bewährten 494-cm^3-Rotax-Einbaumotor eingepflanzt hatte. Mit diesem Motor war bei MZ schon zu DDR-Zeiten – gleichzeitig mit der Entwicklung eines eigenen Viertakttriebwerks – experimentiert worden. Bis auf den Motor, der hier nur 27 PS leistete, und den in der Serie eingeführten Guss-

Mitte 1990 erschien mit der aufgebohrten ETZ 301 ein zwar durchzugstarkes, aber trotzdem nicht mehr gefragtes Zweitaktmotorrad.

rädern hatte sich die alte ETZ-Optik kaum verändert. Natürlich schaffte auch die 500 R keine Kehrtwende bei den MZ-Zulassungszahlen. Im Gegenteil: Mit wechselnden Namen und Besitzverhältnissen schleppte sich MZ nach der Wende von Jahr zu Jahr stets gerade so am endgültigen Aus vorbei. Nicht nur für Motorradfreunde in Deutschland war es ein Jammer, dieses Siechtum mit ansehen zu müssen.

Die technischen Daten für die MZ 500 R finden sich im Kapitel »Die Rotax-Ära«.

1990 bot MZ alle ETZ-Modelle auch in einer Enduro-Variante an – vergebliche Liebesmüh – die Zweitakter aus Zschopau wollte niemand mehr kaufen.

Der 494 cm^3 große Einzylinder-Motor von Rotax war ein in Europa beliebtes Einbautriebwerk, das mit wenig Aufwand auch in die letzte MZ-Entwicklung passte.

Mit dem Rotax-Viertaktmotor im alten ETZ-Chassis wollte MZ (jetzt wieder mit Schwingensymbol!) in eine neue Zukunft starten.

Modell	ETZ 250	ETZ 250 de luxe	ETZ 250 VP	ETZ 250 A	ETZ 125
Bauart	Motorrad	Motorrad	Motorrad	Behörden	Motorrad
Motor	MZ-Zweitakt	MZ-Zweitakt	MZ-Zweitakt	MZ-Zweitakt	MZ-Zweitakt
Hubraum ccm	243	243	243	243	123
Leistung PS	21	21 (BRD 17)	17	17	10,2
bei Drehzahl 1/min	5500	5500 (5000)	5000	5000	5800
Drehmoment mkg	2,8	2,8 (2,5)	2,5	2,5	1,3
bei Drehzahl 1/min	5400	5400 (4500)	4500	4500	5500
Zylinderzahl	1	1	1	1	1
Bohrung/Hub mm	69 / 65	69 / 65	69 / 65	69 / 65	52 / 58
Verdichtung :1	10	10	10	10	7
Gassteuerung	Umkehrspülung	Umkehrspülung	Umkehrspülung	Umkehrspülung	Umkehrspülung
Kühlung	Fahrtwind	Fahrtwind	Fahrtwind	Fahrtwind	Fahrtwind
Vergaser	BVF	BVF	BVF	BVF	BVF
Durchlass mm	30	30	30	30	30
Starter	Kick	Kick	Kick	Kick	Kick
Zündung	Batterie	Elektronik	Batterie	Batterie	
Kraftübertragung				Elektronik	
Getriebe/Gangzahl	5	5	5	5	5
Hinterradantrieb	Kette	Kette	Kette	Kette	Kette
Fahrwerk					
Rahmen	Zentralkasten m. angeschw. Heck	Zentralkasten m. angeschw. Heck	Zentralkasten m. angeschw. Heck	Zentralkasten m. angeschw. Heck	Zentralkasten m. angeschw. Heck
Federung vorn	Telegabel	Telegabel	Telegabel	Telegabel	Telegabel
Federung hinten	Schwinge mit Federbeinen	Schwinge mit Federbeinen	Schwinge mit Federbeinen	Schwinge mit Federbeinen	Schwinge mit Federbeinen
Bremse vorn	Trommel 160 mm	Scheibe 280 mm	Scheibe 280 mm	Scheibe 280 mm	Trommel 160 mm
Bremse hinten	Trommel 160 mm	Trommel 160 mm	Trommel 160 mm	Trommel 160 mm	Trommel 160 mm
Reifen vorn	2.75-18	2.75-18	2.75-18	3.50-18	2.75-18
Reifen hinten	3.50-18	3.50-18	3.50-18	3.50-18	3.25-16
Maße und Gewichte					
Tankinhalt Liter	17,5	17,5	17,5	17,5	13
Radstand mm	1380	1380	1380	1380	1.290
Leergewicht kg	153	155	160	160	110
Höchstgeschwindigkeit km/h	125	125 (115)	115	125	100
Baujahre	1981 – 89	1981 – 89	1981 – 89	1981 – 89	1985 – 91
Stückzahl	239 417	k. A	k. A	k. A	34 381
Preis DM Ost (West)	4.005	(2.264)	k. A	k. A	k. A

Modell	ETZ 150	ETZ 150 de luxe	ETZ 251	ETZ 251 de luxe	ETZ 301
Bauart	Motorrad	Motorrad	Motorrad	Motorrad	Motorrad
Motor	MZ-Zweitakt	MZ-Zweitakt	MZ-Zweitakt	MZ-Zweitakt	MZ-Zweitakt
Hubraum ccm	143	143	243	243	293
Leistung PS	12,2	14,3 (BRD 10,5)	21	21 (BRD 17)	23
bei Drehzahl 1/min	5800	6500 (5800)	5500	5500 (5000)	5500
Drehmoment mkg	1,55	1,6	2,8	2,8 (2,5)	3
bei Drehzahl 1/min	5500	6300 (5800)	5400	5400 (4500)	5200
Zylinderzahl	1	1	1	1	1
Bohrung/Hub mm	56 / 58	56 / 58	69 / 65	69 / 65	75,5 / 65
Verdichtung :1	7	7	7	7	7
Gassteuerung	Umkehrspülung	Umkehrspülung	Umkehrspülung	Umkehrspülung	Umkehrspülung
Kühlung	Fahrtwind	Fahrtwind	Fahrtwind	Fahrtwind	Fahrtwind
Vergaser	BVF	BVF	BVF	BVF	BVF
Durchlass mm	22	22	30	30	30
Starter	Kick	Kick	Kick	Kick	Kick
Zündung	elektronisch	elektronisch	elektronisch	elektronisch	elektronisch
Kraftübertragung					
Getriebe/Gangzahl	5	5	5	5	5
Hinterradantrieb	Kette	Kette	Kette	Kette	Kette
Fahrwerk					
Rahmen	Zentralkasten m. angeschw. Heck	Zentralkasten m. angeschw. Heck	Zentralkasten m. angeschw. Heck	Zentralkasten m. angeschw. Heck	Zentralkasten m. angeschw. Heck
Federung vorn	Telegabel	Telegabel	Telegabel	Telegabel	Telegabel
Federung hinten	Schwinge mit Federbeinen	Schwinge mit Federbeinen	Schwinge mit Federbeinen	Schwinge mit Federbeinen	Schwinge mit Federbeinen
Bremse vorn	Trommel 160 mm	Scheibe 280 mm	Trommel 160 mm	Scheibe 280 mm	Scheibe 280 mm
Bremse hinten	Trommel 160 mm	Trommel 160 mm	Trommel 160 mm	Trommel 160 mm	Trommel 160 mm
Reifen vorn	2.75-18	2.75-18	2.75-18	90 / 90-18	90 / 90-18
Reifen hinten	3.25-16	3.25-16	3.25-16	110 / 80-16	110 / 80-16
Maße und Gewichte					
Tankinhalt Liter	12,5	12,5	17,5	17,5	17,5
Radstand mm	1290	1290	1322	1322	1322
Leergewicht kg	106	110	141	145	135
Höchstgeschwindigkeit km/h	105	110 (100)	125	125	135
Baujahre	1985 – 91	1985 – 91	1989 – 91	1989 – 91	1990 / 91
Stückzahl	198016 (inkl. De luxe)		68259 (inkl. De luxe)		2223
Preis DM Ost (West)	3.240	4.375 (2.290)	k. A.	5.210 (2.690)	(4410)

Die ETS 250 G-5 von 1975/76 mit Blockzylinder und Doppelschleifen-Rohrrahmen.

Werksenduros und Kleinserien

Werksenduros und Kleinserien

Was den Motorrad-Standort Zschopau betrifft, verhält es sich beim Geländesport ähnlich wie bei den Straßenrennern: DKW hinterließ auch hier eine Tradition, die im Gewinn der Silbervase 1935 und der Trophy 1939 (zusammen mit BMW) bei den Sechstage-Rennen gipfelte.
Mit der Gründung der MZ-Sportabteilung unter Walter Kaaden stiegen die Zschopauer wieder mit Werksbeteiligung in den Geländesport, auch auf internationaler Ebene, ein. Anfangs mit umgebauten RT 125 und BK 350 (deren Motor hier bis 18,5 PS leisten konnte) und ab Mitte der fünfziger Jahre mit den neuen ES-Modellen begann ein kaum vergleichbarer Siegeszug auf internationalen Pisten. Schon 1956 gab es eine echte Werks-Enduro auf der Basis der gerade erst erschienenen ES 250. In den Jahren 1956 und 1957 waren DDR-Starter noch in einer gesamtdeutschen Mannschaft bei den Six Days am Start, 1958 starteten DDR-Fahrer dann in den Klassen 175, 250 und 350 ccm und im Jahr darauf schaffte man es in der Trophy-Wertung immerhin schon auf Platz drei.

Für die damals noch zum Geländesport-Programm gehörenden Seitenwagen-Klassen war die BK 350 eine gute, weil leichte Alternative.

Mit der MZ BK 350 konnten die Zschopauer auf internationaler Ebene Erfahrungen sammeln, aber noch keine Blumentöpfe gewinnen.

Mit den Modellen MZ ES 175 G und 250 G begann in der MZ-Lehrwerkstatt die Kleinserienfertigung von Geländesport-Motorrädern. Im Bild das 250er Modell von 1960.

Frühe, auf Geländesport getrimmte ES 250 von 1955, noch mit Doppelport-Auspuffanlage.

Schon im Jahr darauf (1956) fuhren die im Werk angestellten Fahrer mit einer solchen ES 250 G zu nationalen und internationalen Wettbewerben.

In der MZ-Lehrwerkstatt entstanden bis 1989 über 2000 Kunden-Geländesportmotorräder.

ES 175 G und ES 250 G

1959 begann in der MZ-Lehrwerkstatt die Kleinserienfertigung von Geländesportmaschinen auf Basis der ES-Modelle. Die MZ ES 175 G und 250 G, die eine etwas höhere Motorleistung als die normalen Straßenmaschinen hatten, waren für den Export bestimmt oder wurden an organisierte Clubs in der DDR abgegeben. Für den Normalbürger blieben sie in der Regel unerreichbar. Anfangs entsprachen die Kleinserienmodelle noch fast den Motorrädern, mit denen sich MZ-Werkfahrer langsam an die Weltspitze des Geländesports fuhren; neben dem hochgezogenen Auspuff und den üblichen Gelände-Accessoires fielen die Maschinen durch ihr schon nahezu graziles Erscheinungsbild, verglichen mit den normalen MZ-Maschinen, auf. Die vorderen Reifen waren noch Neunzehnzöller. Mit geringfügigen Änderungen wurden diese Maschinen bis 1965 gebaut und dann von den ETS-Modellen abgelöst.

ES 125/G

Um im internationalen Mannschaftssport voranzukommen, war es ganz wichtig, eine weitere Hubraumklasse bei den Veranstaltungen einsetzen zu können. Nach Erscheinen der kleinen ES 125/150 wurde ab 1963 nur die 125er als ES 125/G, wieder in Kleinserie gebaut, angeboten, da es im Motorsport keine Klasse für 150-ccm-Motorräder gab. Auch diese Maschine mit dem charakteristischen, fächerförmigen Zylinderkopf, die immerhin 10,5 PS leistete, war für den Normalbürger nicht käuflich zu erwerben. Sie unterschied sich aber z. B. in Vergaser und Getriebe (vier statt fünf Gänge) von den erfolgreichen Werksenduros, die im gleichen Jahr erstmals die Six-Days gewannen. Übrigens im Zusammenspiel mit einer 300er Werks-MZ, die es in der Kleinserienfertigung erst 1966 gab.

Mit Erscheinen der neuen ES 125 kam ab 1963 auch eine Geländesport-Version in Kleinserie auf den eingeschränkten Markt. Im Bild das Modelljahr 1966 mit Fächer-Zylinderkopf.

Die 125er Werksenduro unter anderem mit Fünfganggetriebe, doppelter Zündkerze und speziell präpariertem Vergaser.

Die ETS-Enduros

Die Bezeichnung ETS für Einzylinder Telegabel Schwinge hatte es vor den normalen Straßenmaschinen schon für die in Kleinserie gebauten Geländesport-Maschinen gegeben, die ab 1966 hier die ES-Modelle (bis auf die 125er) ablösten. Die Werksenduros waren sogar schon seit 1963 mit einer Telegabel unterwegs und heimsten ungezählte Erfolge ein, die nachfolgend im Wesentlichen aufgeführt sind. Zu den bisherigen Hubraumklassen kam noch die 300er hinzu (obwohl die Fertigung der 300er Serienmaschine schon im Jahr zuvor eingestellt worden war), so dass es die Modelle ETS 175 / G, ETS 250 / G und ETS 300 / G für den DDR-Nachwuchs und einige Exportkunden gab. 1969 folgte die ETS 125 / 1 G, während die 300er nicht mehr angeboten wurde. Die optische und technische Weiterentwicklung bescherte auch der 175er und der 250er bereits ab 1967 den /1-Zusatz. Wesentlich war hier die Einführung des dringend notwendigen Fünfgang-Getriebes. Außerdem konnten die kleinen Wettbewerbsmaschinen (125 und 175 cm^3) der MZ-Werksfahrer analog zu den MZ-Straßenrennern mit einem Einlassdrehschieber ausgestattet werden.

MZ hatte zwischen 1963 und 1969 sechs Mal die Trophy bei der Internationalen Sechstage-Fahrt gewonnen und ausgerechnet 1970 dem ersten Jahr, in dem dieser Titel als Mannschaftsweltmeisterschaft geführt wurde, patzten die Zschopauer. Trotz zweier Europameistertitel 1970 und 1971 in der 350er Klasse war die Hochphase der MZ-Enduros erst einmal vorbei. Die inzwischen in die Jahre gekommenen Fahrgestelle mit Zentralrohrrahmen und die immer noch auf den Serientriebwerken basierenden Motoren konnten den gestiegenen Anforderungen im internationalen Geländesport nicht mehr gerecht werden.

ETS 250/1 G-5

Ab 1971 produzierte die Lehrwerkstatt keine 125er und 175er Geländesportmaschinen mehr für den Markt, während die 250er als ETS 250 / 1 G-5 in den Jahren 1973 und 74 als Kleinserienmodell weiterlebte. Danach war für einige Jahre keine MZ GS mehr außerhalb

Die von Fred Willamowski bei internationalen Wettbewerben eingesetzte Werks-Enduro ETS 300 G von 1964.

des Werksteams zu erhalten. Und in diesen Jahren fuhren MZ-Fahrer auch keine ganz großen Erfolge mehr ein.

TS 250 / G 6

Das änderte sich Ende der siebziger Jahre wieder und gleichzeitig setzte auch die Kleinserienfertigung von Geländesportmaschinen wieder ein. 1978 / 79 konnte zumindest im Westen die TS 250 / G 6 mit Sechsgang-Getriebe und ordentlichen 35 PS käuflich erworben werden. Mit ihrem Doppelschleifen-Rohrrahmen war diese Maschine sehr stark an die Werksenduros angelehnt und hatte entgegen früherer Zeiten kaum noch etwas mit den Straßenmotorrädern gemein. Die Werksmaschinen selbst hatten zu dieser Zeit wieder in die Weltspitze zurück gefunden. Mit den 380-cm³-Maschinen in der 500er Klasse startend arbeitete sich Jens Scheffler langsam nach ganz vorn und mit dem verrückten 505-cm³-Zweitakter konnte Manfred Jäger 1978 den Europameistertitel in der Klasse über 500 und bis 750 cm³ holen. Auch bei den Six-Days lief es in den 80er Jahren wieder besser.

MZ GE 250

Nachdem bis 1978 / 79 bei MZ rund 2000 Kleinserien-Enduros entstanden waren, boten die Zschopauer nach acht Jahren Pause ab 1987 neben den Werksrennmaschinen wieder eine Geländesportmaschine »zur Förderung des Enduro-Nachwuchses in der DDR«, wie es offiziell hieß, an. Die MZ GE 250 basierte fahrwerkseitig mit dem Doppelschleifenrohrrahmen und den über ein Hebelsystem angelenkten hinteren Federbeinen (Federweg 290 mm, vorn 260 mm) auf den Werksenduros, während der Motor bis auf den geänderten Zylinderkopf (der 30 PS ermöglichte) dem der normalen ETZ entsprach.

Zentralfederbeine und Auslassschieber

1983 führte MZ bei den Werksenduros die zentral positionierten Federbeine ein, die mit dafür sorgten, dass in der 250er Klasse vier Mal hintereinander der EM-Titel nach Zschopau ging. Ab 1985 wurden

Der 300er Motor leistete 27,5 PS bei 6200 U/min, was die 138 kg schwere Maschine 120 km/h schnell machte. (Foto: Günter Geyler)

Stilistisch ins Bild dieser Zeit passte auch die 125er Werksmaschine, die sich doch sehr deutlich von den Kleinserien-Modellen abhob.

Das offizielle Pressefoto tituliert diese Maschine als ETS 175/250/300/G Modell 1966. Optisch unterschieden sich die Kleinserien-Fahrzeuge also offensichtlich nicht voneinander.

Die völlig neue Optik (u. a. mit Simson-Sperber-Tank) der 125er Werksenduro, Stand 1967. (Foto: Günter Geyler)

Gut zu erkennen ist der Einlass-Drehschieber ins Kurbelgehäuse, der bei der 125er unter anderem für die ca. 17 PS verantwortlich war. (Foto: Günter Geyler)

Im gleichen Design wie die 125er und auch mit einem Einlass-Drehschieber zeigte sich die 1967er MZ 175 G. Der Zylinder war etwas breiter. (Foto: Günter Geyler)

Die 175er Werksenduro des Jahrgangs 1967 von der Auspuffseite her. In diesem Jahr startete MZ noch in vier Hubraumklassen. (Foto: Günter Geyler)

Isle of Man 1971: Beim Internationalen Sechstage-Rennen setzte MZ diese offiziell als »MZ 400« gemeldete Maschine mit 380 cm^3 Hubraum ein.

Und so sah die 250er Werksmaschine von 1970 aus. Der Motor leistete jetzt 32 PS bei 6800 U/min, konnte aber zusammen mit dem nicht mehr ganz taufrischen Fahrwerk kaum noch in der Weltspitze mithalten.

Die Getriebeseite der MZ 400 von 1971.

Ab 1967 begann die MZ-Lehrwerkstatt die /1 G-Modelle mit 125, 175 und 250 ccm in Kleinserie zu fertigen. Im Bild das Triebwerk der ETS 250/1 G-5 von 1970. (Foto: Günter Geyler)

Die in der Bundesrepublik angebotene ETS 250/1 G-5 von 1973.

1975 ging MZ mit dieser ETS 360 G-5 in der Klasse bis 500 cm³ bei internationalen Wettbewerben an den Start. Gewicht leer 110 kg.

38 PS bei 7500 U/min, 5- oder 6-Gang-Getriebe und ein neuer Doppelschleifen-Rohrrahmen kennzeichnete die 360er MZ Wettbewerbsmaschine von 1975. (Foto: Günter Geyler)

Die MZ GT 505 von 1978. Auch wegen der geringen Konkurrenz in dieser Klasse konnte sich MZ mit den großen Zweitakt-Singles ganz vorn etablieren.

Ein Einzylinder-Zweitakt-Motor mit 505 cm³ und 48 PS – das war nur etwas für ganz harte Kerle. Manfred Jäger wurde 1978 mit dieser Maschine in der Klasse über 500 cm³ Europameister. (Foto: Günter Geyler)

Die MZ TS 250/G-6 von 1979. Zu dieser Zeit beherrschten Marken wie KTM und SWM die Viertelliter-Klasse im Geländesport.

Der nur leicht modifizierte ETZ-Motor kennzeichnet diese Maschine als das letzte Kleinserien-Modell MZ GE 250.

die Abgase des Viertelliter-Motors mittels Auslassschieber gesteuert. Übrigens galt für die Ausstattung der MZ-Werksenduros das gleiche wie für die Simson-Maschinen: Ohne Teile aus dem Westen, vor allem Fahrwerkselemente, ging schon lange nichts mehr.

1987 holte MZ auch zum siebten und letzten Mal den Trophy-Sieg bei der Internationalen Sechstage-Fahrt nach Zschopau.

Träger des Ordens Banner der Arbeit

VEB Motorradwerk Zschopau
DDR · 9360 Zschopau

Betrieb des VEB IFA-KOMBINAT für Zweiradfahrzeuge · Suhl

VEB Motorradwerk Zschopau · DDR 9360 Zschopau · PSF 72

Herrn
Obering. Siegfried Rauch
Schloßäckerstr. 24

D - 8551 Hiltpoltstein

Ihre Zeichen	Ihre Nachricht vom	Fernsprechangabe	Unsere Zeichen	Datum
		44		16. 4. 87

Sehr geehrter Herr Rauch!

Wir bestätigen Ihr Schreiben vom 28. 3. 87 und teilen Ihnen mit, daß die Kleinserien-Enduro vorrangig zur Förderung des Enduro-Nachwuchses in der DDR vorgesehen ist.
Wir stellen dieses Motorrad den Clubs des ADMV zur Verfügung und möchten damit vielen jungen Leuten den Einstieg in den Enduro-Sport erleichtern.
Ihren Wunsch nach Bildmaterial erfüllen wir gern und fügen deshalb unserem Schreiben als Anlage entsprechende Fotos bei.

Anlage

Mit freundlichen Grüßen
VEB Motorradwerk Zschopau

Fernsprecher:
Zschopau 440 (Zentr.)
450 (Zentr.) Kundendienst
5133 Ersatzteilvertr. Gornau

Telex: 7-427
Staatsbank der DDR Annaberg-Buchh.
5951-17-82
Betriebs-Nr. 05988 10 4

In den 60er und 70er Jahren versuchte MZ seine Kleinserien-Enduros auch in den Westen zu exportieren, die GE 250 war dafür nicht mehr geeignet.

Die 250er MZ-Werksmaschine von 1983 verfügte erstmals über eine Zentralfederung, die über ein Hebelsystem umgelenkt wurde. (Foto: Günter Geyler)

Die 250er Werks-MZ von 1986 – immer noch luftgekühlt, aber mit dem Auslassschieber auch immer noch gut genug für den Europameistertitel in diesem Jahr. (Foto: Günter Geyler)

Die Radke-MZ

Und wie war das denn mit MZ als Hersteller von Moto-Cross-Maschinen? MZ hat sich offiziell nicht in dieser Sportart betätigt, zahlreiche Eigenbauten auf MZ-Basis hat es freilich gegeben. Mit den Importen von Motorrädern aus der Tschechoslowakei seit Beginn der 1950er Jahre bestand die Möglichkeit, DDR-Moto-Cross-Fahrer mit Fahrzeugen aus dem Nachbarland zu versorgen. Die hatten sich mit den Marken ESO, Jawa und vor allem ČZ auf diese Sportart spezialisiert und dominierten vor allem in den 1960er Jahren das Geschehen an der Weltspitze. Schließlich wurde der vielleicht überhaupt erfolgreichste DDR-Motorsportler Paul Friedrichs von 1966 bis 1968 dreimal Weltmeister auf einer ČZ 500!

Dennoch hat es MZ-Crosser in Kleinstserie gegeben: Motorradhändler Helmut Radke aus Zirndorf bei Nürnberg baute in den 1960er Jahren einige Moto-Cross-Maschinen mit Hercules-Fahrwerk (und deren berühmten halblangen Vorderradschwinge) mit 250er MZ-Motor auf. Als Radke-MZ oder einfach nur R-MZ gingen diese Maschinen in die Geschichte ein.

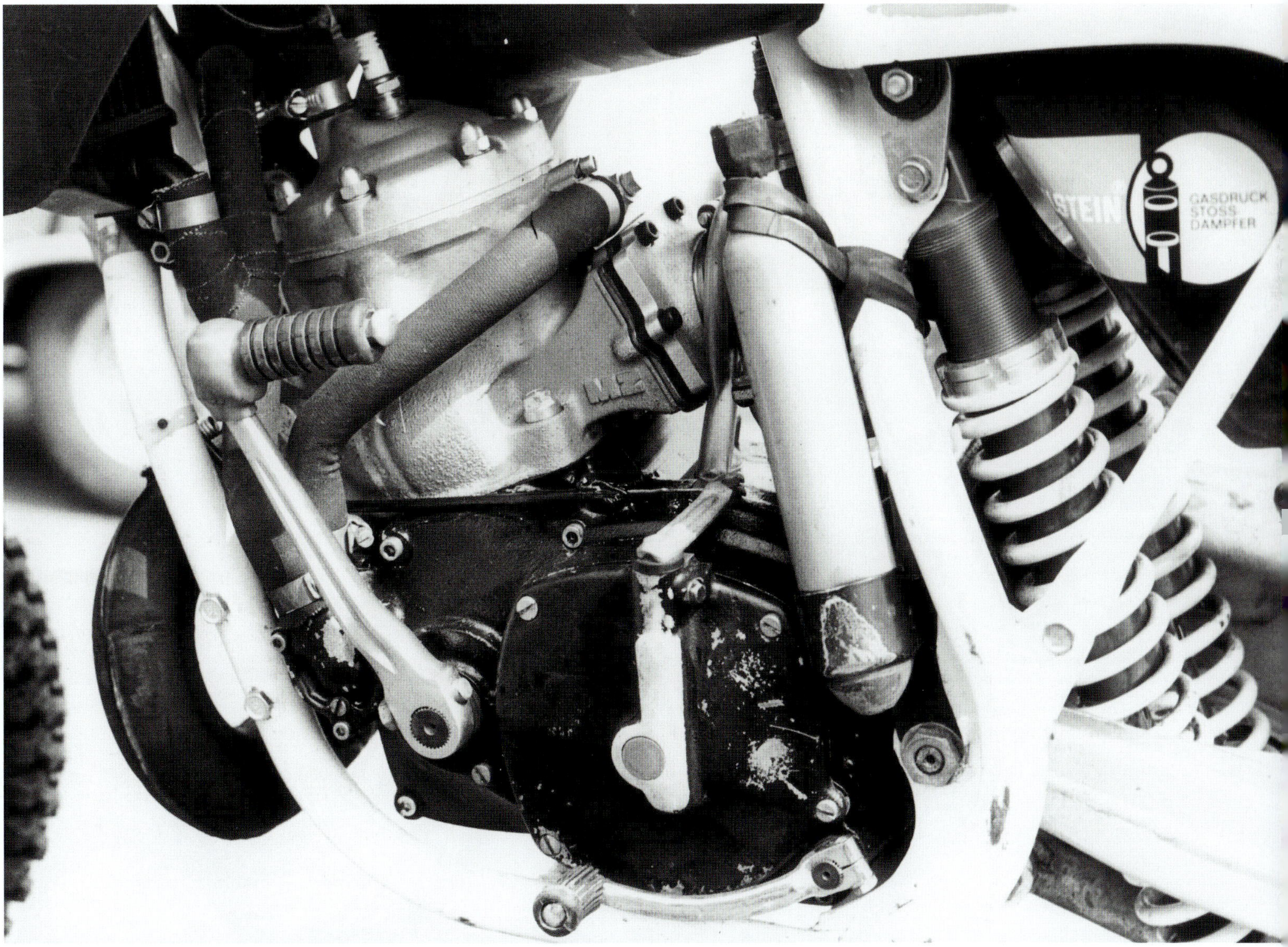

Wasserkühlung und Bilstein-Federelemente an der 1989er Werks-MZ mit 350 cm³ Hubraum. (Foto: Günter Geyler)

So sah die letzte, zu DDR-Zeiten gebaute, 250er MZ-Werksenduro mit Wasserkühlung aus.

Eine Radke-MZ, etwa 1966, mit Hercules-Fahrwerk, Rabeneick-Tank und ES 250-Motor.

Modell	ES 250/G	ES 175/G	ES 125/G	ETS 175 G
Bauart	Enduro	Enduro	Enduro	Enduro
Motor	MZ-Zweitakt	MZ-Zweitakt	MZ-Zweitakt	MZ-Zweitakt
Hubraum ccm	247	172	123	172
Leistung PS	15	11	10,5	14
bei Drehzahl 1/min	5000	5000	6000	5500
Drehmoment mkg	2,3	1,6	k. A.	k. A.
bei Drehzahl 1/min	3600	3600 . k. A.	k. A.	k. A.
Zylinderzahl	1	1	1	1
Bohrung/Hub mm	70 / 65	58 / 65	52 / 58	58 / 65
Verdichtung :1	9	9	10	
Gassteuerung	Umkehrspülung	Umkehrspülung	Umkehrspülung	Umkehrspülung
Kühlung	Fahrtwind	Fahrtwind	Fahrtwind	Fahrtwind
Vergaser	BVF	BVF	BVF	BVF
Durchlass mm	27	25,5	k. A.	25,5
Starter	Kick	Kick	Kick	Kick
Zündung	Batterie	Batterie	Batterie	Batterie
Kraftübertragung				
Getriebe/Gangzahl	4	4	4	4
Hinterradantrieb	Kette	Kette	Kette	Kette
Fahrwerk				
Rahmen	Rohrrahmen	Rohrrahmen	Pressstahl mit Alu-Heck	Stahlrohr
Federung vorn	Langschwinge mit Federbeinen	Langschwinge mit Federbeinen	Langschwinge mit Federbeinen	Telegabel
Federung hinten	Schwinge mit Federbeinen	Schwinge mit Federbeinen	Schwinge mit Federbeinen	Schwinge mit Federbeinen
Bremse vorn	Vollnabe 160 mm	Vollnabe 160 mm	Trommel 150 mm	Trommel 160 mm
Bremse hinten	Vollnabe 160 mm	Vollnabe 160 mm	Trommel 150 mm	Trommel 160 mm
Reifen vorn	3.50-19	3.50-19	3.00-21	3.00-21
Reifen hinten	4.00-18	4.00-18	3.50-18	4.00-18
Maße und Gewichte				
Tankinhalt Liter	16	16	9	15
Baujahre	1959–65	1959–65	1963–1968	1966
Preis DM Ost (West)	3.570	2.730	k. A.	k. A.

Modell	ETS 250/G	ETS 300/G	ETS 125/1 G	ETS 175/1 G
Bauart	Enduro	Enduro	Enduro	Enduro
Motor	MZ-Zweitakt	MZ-Zweitakt	MZ-Zweitakt	MZ-Zweitakt
Hubraum ccm	247	293	123	172
Leistung PS	19	21	12	19,5
bei Drehzahl 1/min	5500	5500	6000	5500-6000
Zylinderzahl	1	1	1	1
Bohrung/Hub mm	70 / 65	72 / 72	52 / 58	58 / 58
Verdichtung :1	:1	10	10	10
Gassteuerung	Umkehrspülung	Umkehrspülung	Umkehrspülung	Umkehrspülung
Kühlung	Fahrtwind	Fahrtwind	Fahrtwind	Fahrtwind
Vergaser	BVF	BVF	BVF	BVF
Durchlass mm	28,5	32	24	28,5
Starter	Kick	Kick	Kick	Kick
Zündung	Batterie	Batterie	Batterie	Batterie
Kraftübertragung				
Getriebe/Gangzahl	4	4	5	5
Hinterradantrieb	Kette	Kette	Kette	Kette
Fahrwerk				
Rahmen	Stahlrohr	Stahlrohr	Zentralrohr mit Unterzügen	Zentralrohr mit Unterzügen
Federung vorn	Telegabel	Telegabel	Telegabel	Telegabel
Federung hinten	Schwinge mit Federbeinen	Schwinge mit Federbeinen	Schwinge mit Federbeinen	Schwinge mit Federbeinen
Bremse vorn	Trommel 160 mm	Trommel 160 mm	Trommel 160 mm	Trommel 160 mm
Bremse hinten	Trommel 160 mm	Trommel 160 mm	Trommel 160 mm	Trommel 160 mm
Reifen vorn	3.00-21	3.00-21	3.00-21	3.00-21
Reifen hinten	4.00-18	4.50-18	4.00-18	4.00-18
Maße und Gewichte				
Tankinhalt Liter	k. A.	16	15	15
Leergewicht kg	k. A.	k. A.	107	107
Baujahre	1966	1966	1969 – 72	1967 – 71

Modell	ETS 250/1 G	ETS 250/1 G-5	TS 250/G-6	GE 250
Bauart	Enduro	Enduro	Enduro	Enduro
Motor	MZ-Zweitakt	MZ-Zweitakt	MZ-Zweitakt	MZ-Zweitakt
Hubraum ccm	243	243	244	243
Leistung PS	27,5	27,5	35	30
bei Drehzahl 1/min	5500-6000	5500-6000	6500	7500
Zylinderzahl	1	1	1	1
Bohrung/Hub mm	69 / 65	69 / 65	69 / 65	69 / 65
Verdichtung :1	10	10	11,3	k. A.
Gassteuerung	Umkehrspülung	Umkehrspülung	Umkehrspülung	Umkehrspülung
Kühlung	Fahrtwind	Fahrtwind	Fahrtwind	Fahrtwind
Vergaser	BVF	BVF	BVF	BVF
Durchlass mm	30	30	38	30
Starter	Kick	Kick	Kick	Kick
Zündung	Batterie	Batterie	Magnet	Elektronik
Kraftübertragung				
Getriebe/Gangzahl	5	5	6	5
Hinterradantrieb	Kette	Kette	Kette	Kette
Fahrwerk				
Rahmen	Zentralrohr mit Unterzügen	Zentralrohr mit Unterzügen	Doppelschleifen-Rohrrahmen	Doppelschleifen-Rohrrahmen
Federung vorn	Telegabel	Telegabel	Telegabel	Telegabel
Federung hinten	Schwinge mit Federbeinen	Schwinge mit Federbeinen	Schwinge mit Federbeinen	Schwinge mit Federbeinen
Bremse vorn	Trommel 160 mm	Trommel 160 mm	Trommel 150 mm	Trommel 150 mm
Bremse hinten	Trommel 160 mm	Trommel 160 mm	Trommel 150 mm	Trommel 150 mm
Reifen vorn	3.00-21	3.00-21	3.00-21	3.00-21
Reifen hinten	4.00-18	4.00-18	4.50-18	4.50-18
Maße und Gewichte				
Tankinhalt Liter	15	15	10	9
Leergewicht kg	138	138	108	126
Baujahre	1967 – 72	1973 / 74	1978 / 79	1987 – 1990

Ulrich Fabke auf der 250er MZ beim Europameisterschaftslauf am 30. Mai 1976 im italienischen Bergamo. In der Viertelliter-Klasse konnten die Zschopauer in diesen Jahren nicht mehr ganz vorne mitfahren.

Siege und Sieger im Gelände

Siege und Sieger im Gelände

Die schweren Viertakter aus England und Italien sahen ab Mitte der 50er Jahre kaum noch einen Stich im internationalen Motorrad-Geländesport. Marken wie Jawa, Zündapp, Maico oder Puch übernahmen das Geschehen mit kleinen, wendigen Zweitakt-Maschinen.

Das war ein ideales Terrain auch für die aufstrebende Marke MZ, die mit der RT 125 und der BK 350 beginnend, im weiteren Verlauf mit der ES-Basis dann aber bald perfektes Material für die ganz großen Kämpfe zu Verfügung hatte. Das Hauptschlachtfeld war hier jedes Jahr im Herbst die Internationale Sechstagefahrt (auch als Six Days, ISDT, oder seit 1980 ISDE bekannt) wo der Gewinn der »Trophy« Jahrzehntelang als inoffizielle Mannschafts-Weltmeisterschaft galt. Seit 1970 war der Titel dann offiziell. Die neben der Trophy ausgeschriebene Silbervase für Nachwuchsfahrer war ab 1985 offizieller Junioren-WM-Titel.

Geländeprüfungsfahrt in Rochlitz 1955. Harald Linke auf der brandneuen ES 250. (Foto: Motorrennsportarchiv Jordan)

Die Geländesport-Veranstaltung »Rund um Zschopau« war schon Mitte des letzten Jahrhunderts ein Zuschauermagnet. Die traditionsreiche Schlammschlacht ist bis heute ein Dauerbrenner.

Der Mauer-Boykott

1959 war das MZ-Trophy-Sextett schon viel beachteter Dritter, 1960 ließ nur ein Wassertropfen im Vergaser den österreichischen Puch-Fahrern den Vortritt. Als die DDR dann am 13. August 1961 eine Mauer durch Berlin zog, folgte eine zweijährige Zwangspause für die MZ-Sportler. Zunächst gab es für 1961 keine Einreiseerlaubnis nach England und 1962 in Garmisch-Partenkirchen wurde die DDR-Delegation – inklusive der aufstrebenden Simson-Fahrer – durch allerlei Finessen als unerwünscht erklärt. Nachvollziehbar war das in jedem Fall, Leidtragende waren aber wie immer die Sportler.

MZ startet durch

1963 im tschechischen Spindleruv Mlyn zur 38. Internationalen Sechstagefahrt war es dann aber endlich soweit. Werner Salevsky (ES 250 / G), Horst Lohr (ES 175 / G), Peter Uhlig (ES 125 / G), Hans

Hans Fischer auf MZ ES 250 durfte sich zwar 1957 »Deutscher Meister« nennen; international fuhren die Mannen aus der DDR aber den Engländern, Tschechen und Westdeutschen immer noch hinterher.

Wie die Straßenrennfahrer gewannen Ende der fünfziger Jahre auch die Enduristen mit ihren MZ-Maschinen an internationalem Ansehen und demonstrierten ihr Können zunehmend auch werbewirksam.

Weber (ES 250 / G), Bernd Uhlmann (ES 300 / G) und Günter Baumann (ES 300 / G) setzten sich gegen 280 Fahrer aus 16 Nationen durch und gewannen am 7. September zum ersten Mal die Trophy vor Italien und der Tschechoslowakei. Insgesamt 14 MZ-Fahrer kehrten außerdem mit einer Goldmedaille heim.

Da den Trophy-Siegern zu dieser Zeit noch im Folgejahr das Heimrecht zustand, war Erfurt 1964 Start- und Zielort. Nach dem Motto »never change a winning team« waren die gleichen Fahrer am Start wie im Jahr zuvor. Vom ersten Tag an setzten sich die MZ-Fahrer an die Spitze und waren nach dem Abschlussrennen auf dem Erfurter Flugplatz überlegene Trophy-Sieger vor England und der Sowjetunion. Der zweite Platz in der Silbervasen-Wertung (hinter Simson) für das zweite MZ-Team und insgesamt 27 Goldmedaillen drückten die Überlegenheit der Zschopauer Maschinen und ihrer Fahrer aus.

Der Trophy-Durchmarsch bis 1967

Das Jahr 1965 wurde dann zum erfolgreichsten für den MZ-Geländesport überhaupt. Die Engländer richteten die Six Days auf ihrer Isle of Man aus und taten alles dafür, endlich wieder einmal einen Trophy-Sieg einzufahren. Die Engländer waren die Seriensieger früherer Jahrzehnte und hatten 1953 zum letzten Mal die Trophy gewonnen. Aber es kam alles ganz anders, England landete am Ende abgeschlagen auf

Bis 1962 waren die MZ-Enduros noch mit einer Vorderradschwinge ausgerüstet. 1959 wurde man mit diesen Maschinen Dritter bei den Six Days, 1960 knapp geschlagener Zweiter.

Siegfried Uhlig steuert die kleine 125 während der Six Days 1963 durch schweres Gelände. Er gehörte zum Trophy-Siegerteam und holte sich auch eine Goldmedaille.

So sah der Zeichner Theo Dietzel eine Geländesport-Szene mit MZ-Beteiligung im Jahre 1963. Aus der Geschenkmappe des gleichen Jahres.

Die Trophy-Gewinner 1963 v.l.n.r.: Werner Salevsky, Peter Uhlig, Bernd Uhlmann, Horst Lohr, Hans Weber, Günter Baumann und Mannschaftsbetreuer Walter Winkler.

Never change a winning Team! Die Trophy-Sieger von 1963 holten auch im Jahr darauf den Titel v.l.n.r.: Horst Lohr, Peter Uhlig, Werner Salevsky, Hans Weber, Günter Baumann und Bernd Uhlmann.

Der Moto-Cross-Spezialist Gerhard Blasig war 1964 als Einzelfahrer auf MZ 250 bei den Six Days in Erfurt dabei. Hier »überspringt« er gerade den KTM-Piloten Sommerauer.

dem vierten Platz, die MZ-Mannschaft mit Werner Salevsky (ETS 300), Bernd Uhlmann (ETS 300), Hans Weber (ETS 250), Karlheinz Wagner (ETS 250), Horst Lohr (ETS 175) und Peter Uhlig (ETS 175) gewann als einzige ohne Fahrerausfall am Ende deutlich vor der ČSSR und Schweden. Hinzu kam in jenem Jahr auch noch der Gewinn der Silbervase durch Günter Baumann (ETS 300), Horst Golz (ETS 175), Klaus Teuchert (ETS 175) und Werner Stiegler (ETS 175).

1966 ersetzte Klaus Teuchert Bernd Uhlmann, der in die Silbervasen-Mannschaft wechselte. Die übrige Mannschaft, ein mittlerweile sehr erfahrenes Team, blieb unverändert, was am Ende wohl den Ausschlag für einen denkbar knappen Sieg vor den Engländern und der bundesdeutschen Zündapp-Mannschaft gab.

Inzwischen war zur Jagd auf MZ geblasen worden. Mit kleinen, aber zugelassenen Hubraumklassen von 50, 75, 100 und 125 cm^3, versuchten vor allem die Österreicher (Puch, KTM) und die Westdeutschen (Her-

Auch die Silbervase ging 1965 an eine MZ-Mannschaft v.l.n.r.: Mannschaftsleiter Werner Rosenbrock, Günter Baumann, Horst Golz, Klaus Teuchert und Werner Stiegler.

Holten als einzige Mannschaft ohne Fahrerverlust 1965 in England die Trophy v.l.n.r.: Walter Winkler, Werner Salevsky, Bernd Uhlmann, Hans Weber, Karlheinz Wagner, Horst Lohr und Peter Uhlig.

1965 noch im Silbervasen-Team ersetzte der Leipziger Klaus Teuchert im Jahr darauf Bernd Uhlmann und gewann mit dem ansonsten unveränderten Team erneut die Six-Days-Trophy.

Horst Lohr, Jahrgang 1938 und hier auf der MZ ES 175/1/G unterwegs, holte mit der MZ-Mannschaft in den Jahren 1963 bis 1966 die Six-Days-Trophy nach Zschopau.

Karlheinz Wagner gehörte auch 1968 zum MZ Trophy-Team. Hier sieht man ihn bei der Österreichischen Alpenfahrt im gleichen Jahr auf MZ 300.

Die Trophy-Sieger 1967: Werner Salevsky, Karlheinz Wagner, Peter Uhlig, Klaus Halser, Klaus Teuchert und Hans Weber.

cules und Zündapp) den MZ-Mannen aus dem Weg zu gehen. Funktionierte 1967 im polnischen Zakopane aber wieder nicht. Als einzige strafpunktfreie Mannschaft holten sich Werner Salevsky, Karlheinz Wagner, Peter Uhlig, Klaus Halser, Klaus Teuchert und Hans Weber den fünften Trophy-Sieg in Folge. Nur die Engländer hatten das in den 1920er Jahren schon einmal geschafft. Das war eine Riesensensation zur damaligen Zeit, als der Motorrad-Geländesport noch in der gleichen Gunst des Publikums und der Medien stand, wie der Straßenrennsport. Zur Einstellung des englischen Rekordes reichte es aber nicht, 1968 ließ das Team in Italien zu viele Punkte liegen und wurde am Ende nur Vierter.

Kurzporträt: Walter Winkler

Walter Winkler wurde am 18. Dezember 1926 in Hohndorf bei Zschopau geboren, fing 1946 als Spitzendreher im DKW-Motorradwerk an und begann 1952 mit dem Motorrad-Geländesport. 1952 bis 1954 wurde er drei Mal in Folge DDR-Mannschaftsmeister mit der BSG Motor IFA Karl-Marx-Stadt auf einer RT 125.

Als Aktiver nahm er 1953 mit diesem Motorrad an der Internationalen Sechstagefahrt in Gottwaldov teil, fiel aber leider am fünften Tag durch technischen Defekt aus. 1956 war das erfolgreichste Jahr für Winkler als aktiver Motorsportler: Er erreichte bei der Internationalen Sechstagefahrt in Garmisch-Partenkirchen eine Silbermedaille und wurde DDR-Meister in der Klasse bis 250 cm^3 auf einer MZ ES 250. Auch beim Titelgewinn der Mannschaft war er 1956 dabei. Im Folgejahr gewann er bei »Rund um Zschopau« zusammen mit Hans Fischer und Werner Stiegler die Mannschaftswertung.

Nach dem Ende seiner aktiven Motorsportkarriere erfolgt schon 1957 die Berufung zum verantwortlichen Mannschaftsleiter sowie Trainer für den Geländesport der MZ-Sportabteilung. In diesen Funktionen betreute er die DDR-Mannschaften bei den internationalen Geländesport-Veranstaltungen. Vom Gesamtplatz 4 bei den Sixdays 1958, dem dritten Platz 1960, schob sich die Mannschaft immer weiter nach vorn und nach der politisch bedingten Unterbrechung (der Bau der Mauer ab dem 13. August 1961) gewann das MZ-Team unter seiner Führung sieben Mal (1963, 1964, 1965, 1966, 1967, 1969 und 1987) den Trophy-Wettbewerb bei den Six Days, der zuletzt den Status einer Mannschaftsweltmeisterschaft hatte. Es war nicht zuletzt Winklers bis ins Detail perfekte Organisation von Fahrern, Be-

Walter Winkler auf einem Foto von 1963, das während der Sechstage-Fahrt in Spindleruv Mlyn aufgenommen wurde.

Walter Winkler – im Hintergrund Hans Weber – begleitete die MZ-Trophymannschaften bis 1990 als Mannschaftsleiter, Betreuer und ein wenig auch als Maskottchen.

treuern und Maschinen, die diese Erfolge ermöglichten. Man muss sich das vorstellen: von 1960 bis 1969 hatte es nicht einen einzigen technisch bedingten Ausfall im Trophy-Team gegeben! Das war schon einmalig. Nicht vergessen werden darf natürlich der Gewinn der Silbervase im gemischten MZ / Simson Team in den Jahren 1882, 1984, 1985 und 1987.

Und: Die Fahrer Peter Uhlig, Werner Salevsky, Fred Willamowski, Manfred Jäger, Harald Sturm und Jens Scheffler errangen insgesamt 13 Europameistertitel. Peter Uhlig, Bernd Uhlmann und Karlheinz Wagner gewannen den Europapokal 1967.

Mit dem Ende der Sportabteilung von MZ ging Walter Winkler 1990 in den verdienten Ruhestand. Er starb am 28. Januar 2010 im Alter von 84 Jahren.

Werner Salevski in Aktion auf der MZ ES 250/1/G. Er gehörte auch 1969 noch zum Trophy-Gewinner-Team und war damit an allen sechs MZ-Trophy-Siegen der 60er Jahre beteiligt.

Der vorerst letzte Trophy-Sieg

Die Zündapp-Mannschaft hatte 1968 die Internationale Sechstage-Fahrt gewonnen und so kehrte die Veranstaltung 1969 nach Garmisch-Partenkirchen zurück. Und mit ihr das bewährte Trophy-Team von MZ mit Peter Uhlig auf ETS 175, Werner Salevsky auf ETS 250, Klaus Teuchert auf ETS 350, Karlheinz Wagner auf ETS 350. Neu in der Mannschaft

Nach einem Jahr Pause holte MZ mit Peter Uhlig, Klaus Halser, Werner Salewski, Klaus Teuchert, Karlheinz Wagner und Fred Willamowski 1969 in Garmisch-Partenkirchen zum sechsten und vorerst letzten Mal die Six-Days-Trophy.

waren Klaus Halser auf ETS 250 und Fred Willamowski auf ETS 360. Die DDR-Fahrer holten sich sechs Mal den Tagessieg und gewannen am Ende überlegen vor der ČSSR und England.

Das war es dann allerdings für die nächsten 18 Jahre. Die Gründe waren vielfältig: Das erfahrene Team war in die Jahre gekommen und die Politik ließ nicht mehr jedes junge Talent in den Westen reisen. Die Maschinen waren mittlerweile der Konkurrenz (vor allem von Jawa) unterlegen und die Hubräume der Wettbewerbsfahrzeuge wurden immer kleiner. Die 125er dominierten bald das Geschehen und seit 1970 durften die teilnehmenden Trophy-Mannschaften Motorräder aus aller Welt benutzen. Und: Die Wettbewerbe wurden immer Moto-Cross-lastiger und in diese Richtung hatte es bei MZ keine Entwicklungspriorität gegeben.

17 Mal Europameister

Die Dominanz der MZ-Enduros zeigte sich bei dem für 1967 ausgeschriebenen Europa-Cup, der bei mehreren Veranstaltungen in unterschiedlichen Ländern ausgetragen wurde. Drei MZ-Fahrer holten sich hier gleich drei Titel und in den Folgejahren – jetzt als Europameisterschaft gewertet – sah es ähnlich aus (siehe nachfolgende Tabelle). Allerdings zeigte sich

Bernd Uhlmann, Jahrgang 1939, gehörte zu den MZ-Trophy-Siegermannschaften 1963, 1964 und 1965, außerdem gewann er 1967 den Europacup in der Klasse bis 250 ccm. Das Bild zeigt ihn auf einer MZ ES 300/G.

Hans Weber, Jahrgang 1941, holte mit MZ fünf Mal die Trophy und wurde 1968 Vizeeuropameister mit der 250er. Beim vierten EM-Lauf 1969 in der Tschechoslowakei verunglückte er am 24. Mai tödlich.

nach 1971 die Schwäche der MZ-Maschinen und ihrer Fahrer. Die alles regelnde Politik in der DDR hatte sich vom Motorradsport abgewandt, Entwicklungsgelder standen kaum noch zur Verfügung. Und längst nicht alle guten Enduristen durften noch in den Westen reisen. So dauerte es bis 1978, dem Jahr, in dem Manfred Jäger mit der kaum bezwingbaren 500er MZ, bei allerdings geringer Konkurrenz, einen EM-Titel nach Zschopau holte. Von da an ging es wieder aufwärts, bis 1986 blieben die meisten EM-Titel der Klassen 250 und 500 cm^3 in Zschopau.

Die letzten Erfolge in den 80ern

Seit 1976 war eine gemischte Mannschaft aus MZ- und Simson-Fahrern bei den Six Days angetreten. Aber erst ab 1982 kamen die Mannschaften wieder ganz oben an. Horst Geißenhöner und Steffen Mauersberger (Simson) holten nach acht Jahren der Trostpreise, zusammen mit den MZ-Fahrern Reinhard Klädtke und Uwe Weber (beide MZ 250), bei den Six Days in Povazska Bystrica (ČSSR), endlich wieder die Silbervase in die DDR.

Frank Schubert war dreimaliger Vizeeuropameister in der Klasse bis 250 cm^3.

Niemand beherrschte den großen MZ-Eintopf besser als Manfred Jäger. 1978 und 1979 holte er sich die Enduro-EM-Titel in der Klasse über 500 cm³ Hubraum.

Die MZ-Piloten Reinhard Klädtke und Uwe Weber gehörten neben den Simson-Fahrern Geißenhörner und Mauersberger zu den Silbervasen-Gewinnern von 1982.

Uwe Weber gehörte 1984 zum MZ-Trophy-Team, das den Titel am Ende knapp verpasste.

Die Silbervasen-Gewinner von 1984 v.l.n.r.: Andreas Cyffka, Reinhard Klädtke (beide MZ), Bernd Lämmel und Jens Thalmann (beide Simson).

Jens Grüner 1985 auf der 250er MZ mit Auslassschieber. Im selben Jahr gehörte er zur MZ-Mannschaft, die erneut die Silbervase gewinnen konnte.

In der Saison 1984 lagen Glück und Pech wieder einmal dicht beieinander. Jens Thalmann, Bernd Lämmel (Simson) und die MZ-Fahrer Reinhard Klädtke (MZ 250) und Andreas Cyffka (MZ 360) gewannen in Assen erneut die ISDE-Silbervase. Ohne den Sturz von Jochen Schützler auf MZ, der sich dabei auch noch ein Bein brach, wäre nach vielen Jahren beinahe auch die Trophy wieder gewonnen worden.

Ab 1985 wurde die Silbervase als Junioren-Mannschaftsweltmeisterschaft gewertet. Vier Fahrer mussten in mindestens zwei Hubraumklassen als Mannschaft an den Start gehen. Mit Jens Grüner und Mike Heydenreich (beide MZ 250), sowie Andreas Cyffka und Udo Grellmann (beide MZ 360) war in Spanien wieder ein reines MZ-Team unterwegs, das sich auf Anhieb den Titel sicherte.

1987 ging es zur Internationalen Sechstagefahrt nach Jelenia Gora in Polen. Harald Sturm (MZ 250), Uwe Weber (MZ 250), Jens Grüner (MZ 500) und Jens Scheffler (MZ 500) sowie zwei Simson-Fahrer (Jens Thalmann, Reinhard Klädtke – eigentlich MZ-Fahrer, übernahm

Silbervasen-Gewinner und damit Junioren-Weltmeister 1985: Mike Heydenreich, Udo Grellmann, Andreas Cyffka und Jens Grüner.

Die Trophy-Sieger von 1987 v.l.n.r.: Jens Grüner, Jens Scheffler, Harald Sturm (alle MZ), Mannschaftsleiter Walter Winkler, Uwe Weber (MZ), Reinhard Klädtke, Jens Thalmann (alle Simson).

Die Silbervasen-Gewinner von 1987 v.l.n.r.: Udo Grellmann, Jens Heydenreich (alle MZ), Danilo Pörschke, Thomas Biberbach (alle Simson)

hier die Simson GS 125) gewannen erstmals wieder die Trophy und eine ebenfalls gemischte Mannschaft, mit Biberbach und Pörschke (beide Simson), sowie Mike Heydenreich und Udo Grellmann auf MZ die wieder als Juniorenweltmeisterschaft (es durften nur noch Fahrer bis zum Alter von 23 Jahren teilnehmen) ausgeschriebene Silbervase.

Peter Uhlig

Peter Uhlig (21. Mai 1940 – 1. September 1971) begann Ende der 1950er Jahre als Armeesportler mit dem Motorrad-Geländesport und entwickelte sich hier schnell zu einem der besten Fahrer der Welt. Von 1961 bis 1970 wurde er mit der 175er MZ ununterbrochen DDR-Meister, gehörte von 1963 bis 1969 zu allen sechs MZ-Trophysieger-Mannschaften bei den Six Days, gewann 1967 den Europacup und wurde 1968 Europameister in der Klasse bis 175 ccm. Da MZ aus der 175er ausstieg, setzte er sich ab 1970 auf eine 350er MZ-GS. Vermutlich hätte er auch hier weiter für Furore sorgen können, wenn er nicht an den Folgen eines Verkehrsunfalls in Zschopau gestorben wäre.

Peter Uhlig war in der Klasse bis 175 cm^3 ein Jahrzehnt lang der vermutlich beste Motorrad-Geländesportler der Welt.

Werner Salevsky

Der gelernte Schlosser Werner Salevsky (23. Februar 1940 – 7. März 1991) bestritt 1956 seine erste Geländefahrt (Rund um Zschopau), wurde ab 1959 MZ-Werksfahrer und holte sich gleich die DDR-Meisterschaft in der 175er Klasse. Wie Peter Uhlig gehörte Salevsky zu den MZ-Fahrern, die an allen Trophy-Siegen bei den Six Days von 1963 bis 1969 dabei waren. Nach zahlreichen Siegen auf internationalem Gelände konnte er 1968 die erstmals ins Leben gerufene Gelände-Europameisterschaft in der Klasse bis 250 ccm gewinnen. Nachdem sich Salevsky auch im Moto Cross versucht hatte, beendete er aus gesundheitlichen Gründen 1972 seine sportliche Karriere. Er starb 1991 nach einem Autounfall in England.

Werner Salevsky nimmt vor dem Start noch Hinweise eines Offiziellen entgegen. Geländesportler mussten hart im Nehmen sein – auch unter winterlichen Bedingungen.

Werner Salevsky war einer der besten Geländesport-Fahrer der sechziger Jahre. Hier demonstrierte er 1965 mit den neuen ETS-Maschinen sein Können.

Fred Willamowski schaffte es gleich in drei motoradsportlichen Disziplinen DDR-Meister zu werden: Geländesport, Moto Cross und Bahnrennen.

Fred Willamowski

Der gelernte Landmaschinenschlosser Fred Willamowski (21. März 1935 – 14. September 2003) begann 1952 bei der GST mit dem Motorrad-Geländesport auf einer AWO 425. 1957 nahm er erstmals erfolglos an den Six Days teil, kämpfte sich aber Jahr für Jahr nach oben. 1958 wurde er erstmals DDR-Geländemeister, und zwar mit einer MZ in der Klasse bis 350 ccm. 1960 wurde er bei den Six Days in Österreich schon Klassenbester, wechselte dann aber zum Moto Cross und wurde hier in den Folgejahren viermal DDR-Meister. 1968 kehrte er zum Geländesport zurück, wurde für 1969 wieder für das Trophy-Team nominiert und holte auf der 500er MZ mit seinen Kollegen Uhlig, Halser, Salewsky, Teuchert und Wagner die vorerst letzte Trophäe für die Zschopauer. 1970 und 1971 wurde er Europameister in der Klasse über 350 ccm und zwischen 1970 und 1974 viermal DDR-Meister in der größten Hubraumklasse. 1975 wechselte Willamowski noch einmal, fuhr jetzt Sand- und Grasbahnrennen und wurde hier 1978 mit 43 Jahren noch einmal DDR-Meister.

Jens Scheffler beherrschte die 500er Zweitakt-MZ wie kein anderer und wurde mit ihr insgesamt viermal Enduro-Europameister.

Bei der Internationalen Sechstagefahrt 1969 wurde Fred Willamowski als bester Fahrer aller Klassen ausgezeichnet.

Jens Scheffler

Schon mit 15 Jahren begann der am 11. Januar 1960 in Zschopau geborene Scheffler mit dem Enduro-Sport. 1978 stieß der gelernte Baufacharbeiter zum MZ-Werksteam und wurde 1981 Europameister in der 500er Klasse, die er in den Folgejahren mit dem großen MZ-Zweitakter international beherrschte. Von 1983 bis 1985 holte er sich noch dreimal hintereinander diesen Titel! 1987 holte er mit der MZ-Simson-Trophymannschaft in Polen den WM-Titel bei den Six Days. Nach dem (einzigen) DDR-Meistertitel 1989 wechselte er 1990 zu Suzuki und holte sich den gesamtdeutschen Titel in der Klasse bis 400 ccm. Seit 2001 betreibt Jens Scheffler seine eigene Enduroschule in Zschopau.

Harald Sturm

Nach der DDR-Juniorenmeisterschaft 1974 in der 250er Klasse wurde Harald Sturm, der am 20. Januar 1956 in Witzschdorf geboren ist, im Jahr darauf in die MZ-Werksmannschaft berufen. In den Jahren 1978, 1980, 1981 und 1985 wurde er DDR-Meister und nach zwei zweiten und einem dritten Platz in den Jahren 1979 bis 1982 holte er 1983 endlich seinen ersten EM-Titel mit der 250er MZ. In den darauf folgenden Jahren 1984 bis 1986 konnte Harald Sturm den Titel dreimal verteidigen. 1987 holte er mit der MZ-Simson-Trophymannschaft in Polen den WM-Titel bei den Six Days. 1990 wechselte Sturm zu KTM und beteiligte sich noch weitere fünf Jahre auf nationaler Ebene am Endurosport.

In den achtziger Jahren war MZ wieder Weltklasse und Harald Sturm war mittendrin. Geländesportveranstaltungen hatten aber nicht mehr den Stellenwert früherer Jahrzehnte.

Harald Sturm 1986 auf seiner 250er MZ-Enduro, mit der er vier Europameister-Titel und eine Mannschaftsweltmeisterschaft einfuhr und so zu den besten Geländefahrern der 1980er Jahre gehörte.

EUROPAMEISTER (EUROPACUP 1967)

Jahr	Fahrer	Hubraumklasse
1967	Peter Uhlig	175
1967	Bernd Uhlmann	250
1967	Karl-Heinz Wagner	350
1968	Peter Uhlig	175
1968	Werner Salevsky	250
1970	Fred Willamowski	350
1971	Fred Willamowski	350
1978	Manfred Jäger	500
1979	Manfred Jäger	500
1981	Jens Scheffler	500
1983	Harald Sturm	250
1983	Jens Scheffler	500
1984	Harald Sturm	250
1984	Jens Scheffler	500
1985	Harald Sturm	250
1985	Jens Scheffler	500
1986	Harald Sturm	250

INTERNATIONALE SECHS-TAGE-FAHRT

Jahr	Land	Titel
1963	CSSR	Trophy
1964	DDR	Trophy
1965	England	Trophy
1965	England	Silbervase
1966	Schweden	Trophy
1967	Polen	Trophy
1969	BRD	Trophy
1982	CSSR	Silbervase (MZ / Simson)
1984	Holland	Silbervase (MZ / Simson)
1985	Spanien	Silbervase
1987	Polen	Trophy (MZ / Simson)
1987	Polen	Silbervase (MZ / Simson)

Die 250er Werks-MZ mit der der Italiener Silvio Grassetti 1971 an den Start ging, zwei Grand-Prix-Siege holte und in der Endabrechnung den 7. Platz belegte.

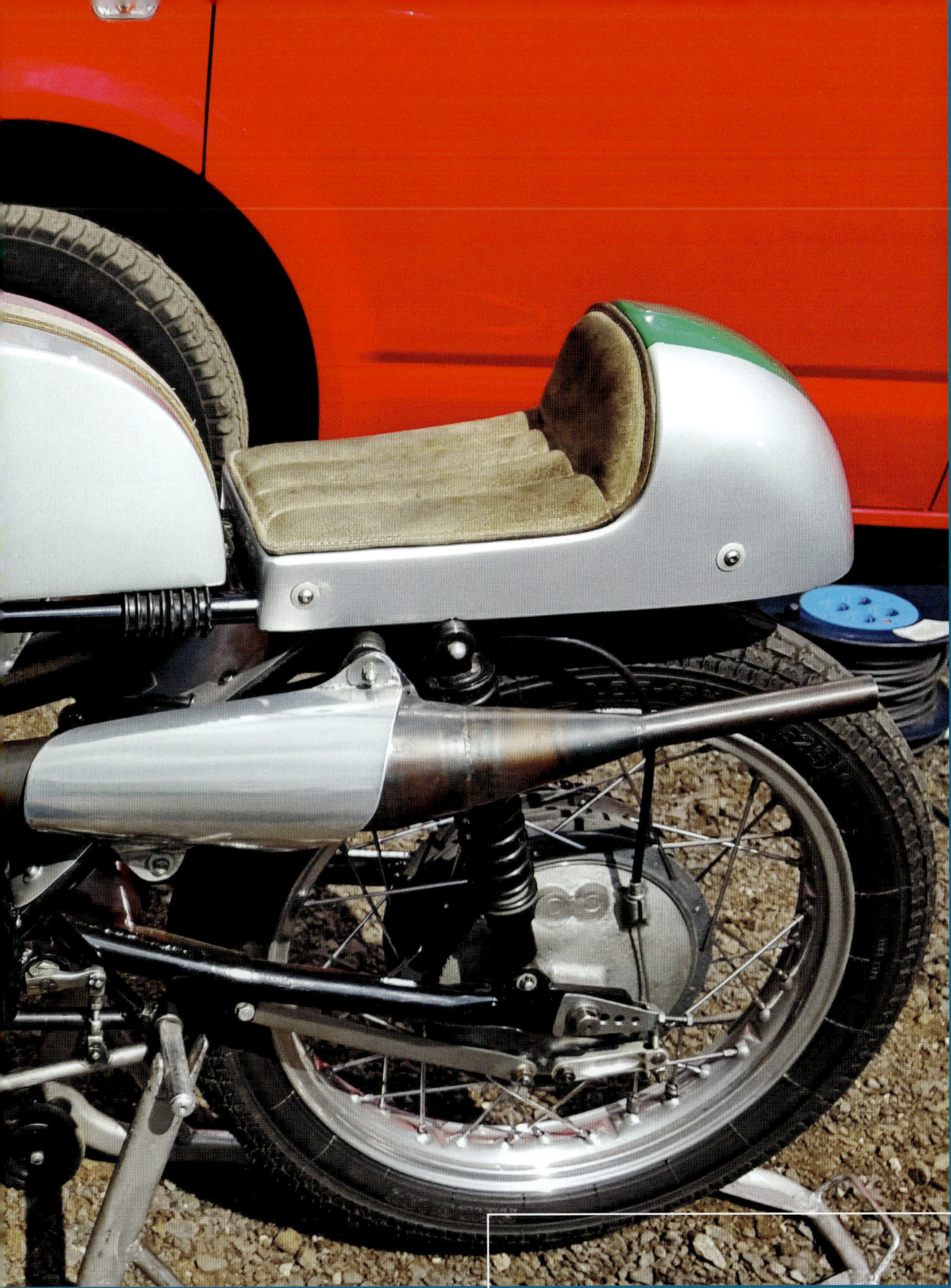

MZ im Straßen-rennsport I

MZ im Straßenrennsport I

Zwischen den beiden Weltkriegen war die Zschopauer DKW-Armada auf deutschen und internationalen Rennstrecken gefürchtet. Viele Jahre lang waren die Ladepumpen-Rennmaschinen zwischen 175 und 350 ccm, sowie die 500er und 600er Gespanne kaum zu schlagen. DKW holte sich insgesamt neun Europameister-Titel, die seit der Saison 1938 Weltmeister-Status hatten. DKW-Fahrer wie Arthur Geiss, Walfried Winkler oder Ewald Kluge wurden in dieser Zeit zu Idolen der Massen.

Rennsport ab 1948

Natürlich wollten die Zschopauer Motorradbauer nach dem Krieg an die alten Zeiten anknüpfen und so wurde im seit 1948 zur »Industrieverwaltung Fahrzeugbau (IFA)« gehörenden Motorradwerk bereits Ende der 1940er Jahre Renn- und Geländesport betrieben. Unter schwierigsten Bedingungen mit einem demontierten Werk und den Entbehrungen der Nachkriegszeit im Rücken. Nicht zu vergessen die sowjetische Besatzungsmacht, die mit Rennveranstaltungen wenig am Hut hatte. Erst am 17. Oktober 1948 durfte in Schleiz das erste Motorradrennen auf dem Gebiet der späteren DDR stattfinden. Die zunächst noch sehr bescheidenen Aktivitäten der Zschopauer basierten auf den Maschinen der Vorkriegszeit, deren Fahrwerke und Motoren in neuen Kombinationen und Weiterentwicklungen auftauchten. Bald schon konzentrierte sich die

Hermann Scherzer fuhr 1949 mit seiner IFA-DKW 125 beim ersten Sachsenring-Rennen nach dem Krieg auf den zweiten Platz.

Auch Josef »Sepp« Ellmann gehörte zu den IFA-Werksfahrern der ersten Stunde, beim gesamtdeutschen Meisterschaftslauf 1950 auf dem Sachsenring konnte er sich aber nicht in die Siegerlisten eintragen.

Rennmaschinen-Entwicklung auf die DKW RT 125, nach dem Krieg das erste wieder serienmäßig in Zschopau gebaute Motorrad. Mit einer vom ehemaligen DKW-Rennmonteur Kurt Haase getunten 125er quälte sich der Versuchsfahrer Hermann Scherzer wenig erfolgreich durch die Saison.

Harald Linke war in den frühen Jahren der IFA der Mann für alle Fälle. Chauffeur, Endurist und Straßenrennfahrer der Ausweisklasse mit einer getunten RT 125.

Noch einmal Hermann Scherzer, hier beim Deutschen Meisterschaftslauf am 23. Juli 1950 auf dem Schleizer Dreieck.

Eine Versuchsabteilung wird eingerichtet

Ende 1949 konnte am alten Standort in Zschopau wieder eine Versuchsabteilung eingerichtet werden, die unter die Leitung des jungen Ingenieurs Kurt Kämpf gestellt wurde. Ihm zur Seite standen die alten DKW-Rennkempen August Prüssing und Alfred Liebers, der ebenfalls von DKW kommende Kurt Bang wurde Konstruktionsleiter. In den Folgejahren waren mit der schlitzgesteuerten 125er Rennmaschine und dem Fahrer Erhart Krumpholz einige Erfolge eingefahren worden. Mit der Einführung des Membrandrehschiebers durch den Luckenwalder Konstrukteur Daniel Zimmermann, zunächst für das private ZPH-Team um den Fahrer Bernhard Petruschke realisiert, startete der kleine Zweitakter als Rennmotor in eine neue Zukunft.

Saisonabschluss 1950 beim Autobahnrennen in Dessau am 1. Oktober: Noch führt Krumpholz vor Petruschke, beim Zieleinlauf ist es umgekehrt, aber der Sieger heißt Ellmann.

Sozusagen die erste IFA-Mannschaft am Ende der Saison 1950 in Dessau v.l.n.r.: Erhart Krumpholz, Hermann Scherzer, Josef Ellmann, Bernhard Petruschke und Harald Linke

Die 125er IFA-Werksrennmaschine mit einem speziellen Resonanzauspuff, mit der Erhart Krumpholz 1952 seinen zweiten DDR-Meistertitel einfuhr.

Am 3. Mai 1953 siegte »Petrus« Petruschke mit dieser als »ZPH 125« gemeldeten Maschine in Chemnitz. Der Einlassdrehschieber sorgte künftig bei allen MZ-Rennern für die Gemischzufuhr. Beachtenswert auch das 26-Zoll-Vorderrad.

Die Gründung der Sportabteilung 1953

1953 wurde eine selbständige Sportabteilung eingerichtet und Walter Kaaden zu ihrem Chef ernannt. Seine Aufgabe war es, zunächst 125-cm^3-Rennmotorräder für Werksfahrer weiter zu entwickeln und zu bauen, die das Können der Zschopauer Motorenbauer dokumentieren, die aber auch in kleiner Stückzahl von Privatfahrern gefahren werden sollten, um so mit einer stattlichen MZ-Armada die »volkseigene« Industrie zu repräsentieren.

Die Rennmaschinen basierten zunächst auf der oben erwähnten Zweitakter-Konstruktion mit Einlass-Plattendrehschieber des Luckenwalders Daniel Zimmermann. Die in der Folge in Zschopau unter Verwendung des Drehschiebers gebauten 125er Rennmotoren zeigten, welche Möglichkeiten in der Schieber-Einlasssteuerung steckten. Aus dem Einzylinder-Zweitaktmotor entstanden sehr bald Zweizylinder-Varianten und auch ein Dreizylindermotor, und später wagte

Bernhard Petruschke, jetzt offiziell für die IFA fahrend, 1954 in Schleiz vor Karl Lottes auf MV Agusta. Petrus gewann und wurde wiederholt DDR-Meister bei den 125ern.

IFA DKW RE 125 nannte sich diese Maschine 1953 offiziell. Es war die Weiterentwicklung der oben gezeigten 125er mit jetzt 11,5 PS, die bei 95 kg Kampfgewicht für maximal 140 km/h sorgten.

Für 1954 war durch Verdoppelung der Zylinder auch die 250er Maschine fertig geworden, die Siegfried Haase hier um den Sachsenring jagt. Die MZ leistete 25 PS bei 8000 U/min. (Foto: Günter Geyler)

Die 125er MZ-Rennmaschine aus dem Jahre 1956 leistete 16 PS bei 9000 U/min, womit das 80 kg leichte Motorrad 155 km/h schnell sein konnte.

man sich auch – und das sehr erfolgreich – mit Zweizylindermotoren in die 250er- und mit aufgebohrten Exemplaren sogar in die 350er Klasse.
Bei nationalen Rennen waren die Zschopauer Rennmaschinen unschlagbar. Aber auch auf internationaler Ebene sollten die MZ-Maschinen bald zeigen, dass sie nicht nur konkurrenzfähig, sondern zeitweise der Konkurrenz sogar überlegen sein konnten.

Motoren- und Fahrwerks-Entwicklung

Unter vielerlei Schwierigkeiten wurde bei MZ eine Motoren- und zwangsläufig auch Fahrwerks-Entwicklung in Gang gebracht, die den Zschopauer Zweitakt-Rennmaschinen in den sechziger und siebziger Jahren tatsächlich an die Weltspitze verhalfen. Frühe Erfolge, wie der erste Grand-Prix-Sieg und der anschließende zweite Platz in der Weltmeisterschaft von Horst Fügner in der 250er Klasse 1958 und der Vizeweltmeistertitel von Gary Hocking im Jahr darauf waren der mehr als verdiente Lohn.
Die Vervielfachung der Ausgangsleistung und die nicht minder entscheidende Standfestigkeit und Zuverlässigkeit der MZ-Maschinen waren das Resultat ständig neuer Entwicklungsschritte. Dabei hat sich MZ niemals vom Drehschieber-Einlass getrennt. Schrittweise gingen die Ingenieure von der Luft- zur (Thermosiphon-) Wasserkühlung über; die gesteigerten Leistungen erforderten neue Kolben- und Zylinder – Materialien, die aber zunächst nicht zur Verfügung standen. Und das immer schmaler werdende nutzbare Drehzahlband der hochdrehenden Einkolben-Zweitakter verlangte auch nach immer neuen Getriebe-Varianten: vier-, fünf-, sechs- und (soweit vom Reglement zugelassen) auch noch weiter gestufte, klauengeschaltete hochpräzise Getriebe, die alle im Zschopauer Betrieb gefertigt wurden. An dieser Stelle muss erwähnt werden, dass zahllose westliche Firmen und

Mit der 250er Werks-MZ von 1958, deren 36 PS für 195 km/h reichten, konnte Horst Fügner mit dem ersten Grand-Prix-Sieg für MZ Vizeweltmeister werden.

1958 war das Jahr des Horst Fügner. Im Bild ist er am 21. September auf Siegesfahrt auf der Autobahnspinne Dresden-Hellerau.

1960 kam die MZ 250 RE schon auf 42 PS bei 10500 U/min. Die Maschine wog 128 kg und schaffte maximal 210 km/h.

Posieren nach dem ersten MZ-Sieg bei einem Grand-Prix-Rennen. Horst Fügner siegte auf der RE 250 beim Großen Preis von Schweden 1958. Ganz rechts Walter Kaaden, zweiter von Links Ernst Degner, davor Bernhard Petruschke.

Ebenfalls von 1960 stammt diese Aufnahme des 250er Triebwerks. Neben Vergaser und Einlassdrehschieber die Trockenkupplung am klauengeschalteten Sechsgang-Getriebe.

So sah der 125er Motor 1960 aus. Maximal 24 PS bei 10500 /min waren bereits möglich.

Hans Fischer (1936-2008) ein talentierter DDR-Rennfahrer, führt hier 1961 mit der MZ RE 125 auf dem Schleizer Dreieck vor dem Ungarn Lazlo Scabo, ebenfalls auf MZ.

In der erfolgreichsten MZ-Saison 1961 leistete Degners 125er Rennmaschine 26 PS bei 11000 U/min. Die 80 kg leichte Maschine war 180 km/h schnell und an drei Grand-Prix-Siegen beteiligt.

Walter Brehme (1921-2007), hier 1961 auf dem Schleizer Dreieck, war schon seit 1955 MZ-Werksfahrer. In seinem besten Jahr 1961 fuhr er beim Grand Prix in Hockenheim mit seiner 125er auf den dritten Platz.

In der Saison 1963 wurde schrittweise auf Wasserkühlung (der Einfachheit halber nach dem Thermosiphon-Prinzip) umgestellt.

Privatpersonen, oftmals ohne Gegenleistungen, Rennzubehör (z. B. Reifen, Bremsbeläge, Zündkerzen, Federbeine), zur Verfügung stellten, ohne die keine MZ-Maschine international hätte konkurrieren können.

Der konische Diffusor

Entscheidend aber war der Übergang von den in den ersten Jahren noch benutzten Megaphon-Auspuffanlagen zu solchen mit konischem Diffusor und anschließendem Reflektor, wie sie noch heute zum Bild aller Zweitakt-Rennmaschinen gehören und mit denen bekanntlich sogar eine »Quasi«-Überladung des Motors erreicht werden kann.

Den Zschopauern ist es, wie die zahllosen Erfolge beweisen, gelungen, ihre MZ-Rennmaschinen auf einen international beispielhaften Entwicklungsstand zu bringen. Dass den Männern der erstrebte Gewinn der Weltmeisterschaft versagt blieb, lag wirklich nicht an den MZ-Rennmotorrädern.

250er Zweizylinder-Modell von 1963, ebenfalls mit Wasserkühlung. Die Verrippung der Zylinderköpfe wurde noch einige Zeit beibehalten.

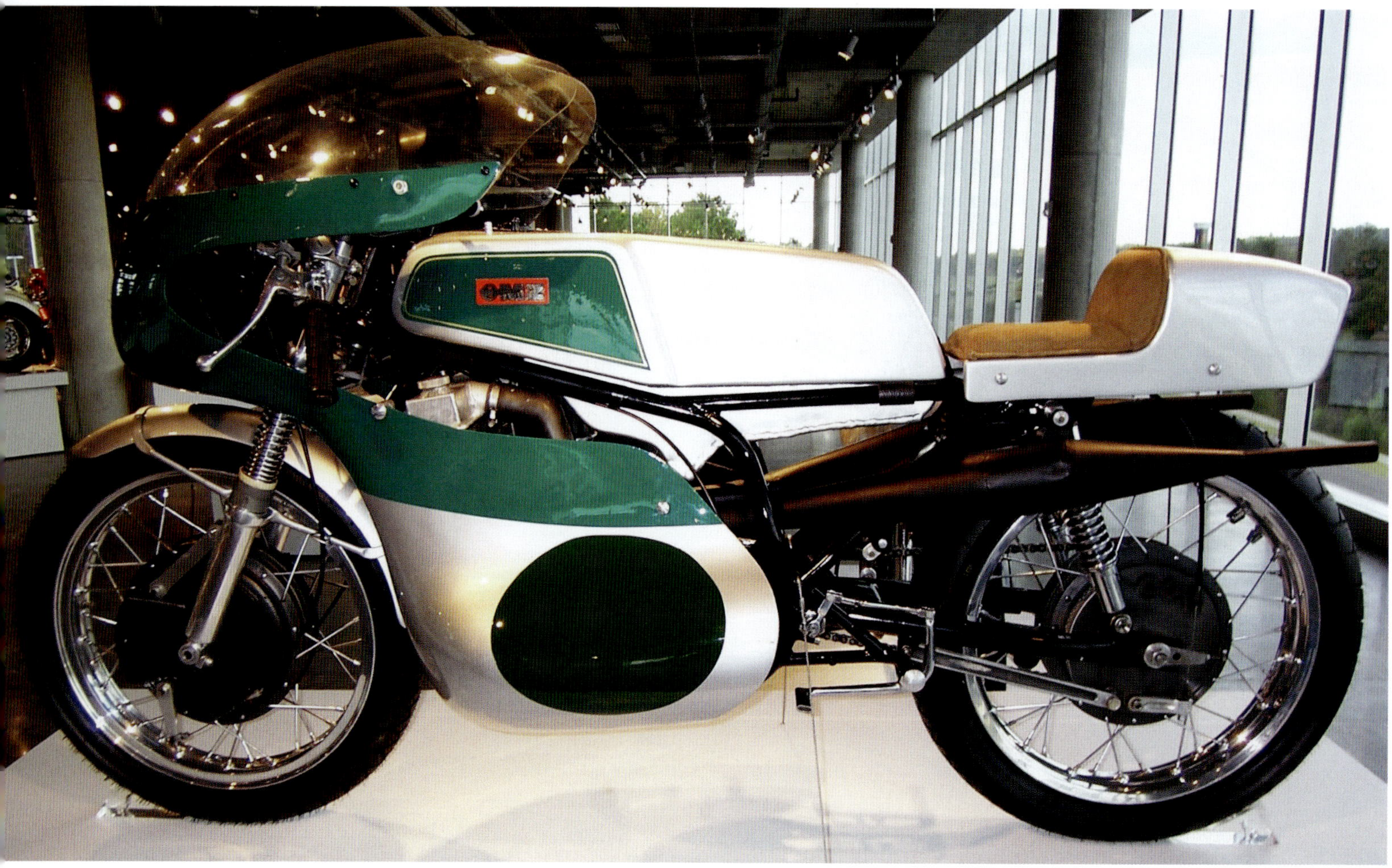

Die 250er Grand-Prix-Rennmaschine von MZ, Entwicklungsstand 1964. (Foto: Mike Schinkel)

Eine MZ RE 250 aus dem Jahre 1965, mit der Heinz Rosner und Derek Woodman WM-Punkte sammelten.

Die 250er MZ des Jahrgangs 1965 von der Abtriebsseite.

1969 war der Dreizylinder-Motor für eine ganz neue 125er fertig. Zu spät, das 28 PS leistende Triebwerk konnte nicht mehr eingesetzt werden, weil die FIM die Zylinderzahl inzwischen auf zwei begrenzt hatte.

Diese Viertelliter-Maschine mit Zweizylinder-Tandem-Motor (34 PS / 14000 U/min) war die Letzte, mit der MZ 1970 bei den 125ern startete. Danach zog man sich aus dieser Klasse zurück.

Ein neuer Zylinderblock kennzeichnete das 250er Triebwerk von 1971. Mikuni-Vergaser und kontaktlose Kröber-Thyristorzündung waren auf dem aktuellen Stand der Technik. Eine Wasserpumpe gab es hingegen immer noch nicht.

Als die Fahrer ihre Schirme noch selbst halten mussten: Luigi Taveri vor dem WM-Rennen 1962 in Salzburg im Gespräch mit Walter Kaaden (rechts). Taveri wurde in diesem Jahr erstmals Weltmeister – allerdings auf Honda.

Hailwood, Taveri, Shepherd und Co

Da gab es andere Gründe. Einer war sicher auch die Schwierigkeit, internationale Spitzenfahrer wie Mike Hailwood, Garry Hocking, Alan Shepherd oder Luigi Taveri jeweils über längere Zeit im Team zu halten (Hailwood und Shepherd holten 1963 auf MZ einen sensationellen Doppelsieg in der 250er Klasse auf dem Sachsenring). Den mit letztem Einsatz kämpfenden DDR-Fahrern fehlten nun mal Streckenkenntnis und Erfahrung im internationalen Straßenrennsport, mit denen die genannten ausländischen Fahrer brillierten und siegten, wenn sie auf MZ-Maschinen saßen. Aber mit den Summen, die diesen Stars dann prompt von der devisenstarken Konkurrenz geboten wurden, konnte MZ nicht konkurrieren. 1971 holten Silvio Grassetti und Peter Williams die letzten Siege für MZ, ehe das Werk 1977 endgültig aus dem Grand-Prix-Zirkus ausstieg.

Auf dem Treppchen

Immerhin konnte sich MZ insgesamt sieben Mal unter die Top Drei der Weltmeisterschafts-Abrechnung mischen: 1958 wurde Horst Fügner zweiter bei den 250ern, im Jahr darauf schaffte der Rhodesier Garry Hocking in der gleichen Klasse den dritten Platz, 1960 wurde

Schleizer Dreieck 1963: Laszlo Szabo siegte in der Achtelliter-Klasse auf der Werks-MZ und wurde bei den 250ern hinter Taveri Zweiter.

Mike »The Bike« Hailwood mit der 250er MZ 1962 auf dem Sachsenring, wo er sich noch knapp Jim Redman geschlagen geben musste. Im Jahr darauf siegte er an gleicher Stelle mit der Zschopauer Rennmaschine.

Hailwoods Landsmann Alan Shepherd schied 1962 auf dem Sachsenring mit seiner 250er MZ noch aus; im Jahr darauf machte er mit Hailwood den Doppelsieg für MZ komplett.

Der Italiener Silvio Grassetti fuhr 1971 noch zwei Grand-Prix-Siege in der 250er Klasse für MZ ein.

Seit 1965 fuhr der Brite Derek Woodman (102) für MZ. Bis 1967 schaffte er es bei Grand-Prix-Rennen insgesamt 12 Mal aufs Treppchen (125, 250 und 350 cm³), ohne einen Sieg einzufahren.

MZ RZ 250 von 1972. Mit der 58 PS starken und 235 km/h schnellen Zweizylinder-Maschine (125 kg) konnte der Italiener Silvio Grassetti noch 30 WM-Punkte sammeln und MZ auf Platz drei der Konstrukteurswertung fahren.

Die 1975er Grand-Prix-MZ in der Viertelliter-Klasse erreichte inzwischen 62 PS bei 12000 U/min. Der Finne Tapio Virtaanen konnte damit noch einige WM-Punkte herausfahren.

Ernst Degner Dritter bei den 125ern und im Jahr darauf Vizeweltmeister in der gleichen Klasse. Der Engländer Alan Shepherd schaffte 1964 den dritten Platz in der Klasse bis 250ccm und sein Landsmann Derek Woodman wurde im Jahr darauf ebenfalls Dritter in der Achtelliter-Klasse. Schließlich schaffte Heinz Rosner 1968 noch einen dritten Platz bei den 250ern. Einen schweren Schlag bedeutete 1961 der Übergang des MZ-Spitzenfahrers Ernst Degner zur japanischen Konkurrenz. Vor allem, weil Degner, den ersten WM-Titel für MZ vor Augen, diesen Schritt kurz vor dem Saisonende wagte.

Ende einer großen Zeit

In den Jahren nach 1977 fuhren MZ-Maschinen nur noch nationale oder auf die RGW-Länder beschränkte internationale Siege ein. Sonderlich spektakulär war das nicht mehr. Zudem liefen Eigenkonstruktionen, mit oder ohne MZ-Basis, den alten Werksmaschinen bald den Rang ab. Und mit dem vordringen westlicher Renntechnik nach Osteuropa und der DDR hatten einheimische Zweitakter ab etwa 1982 sowieso keine Siegchancen mehr.

Kurzporträt Walter Kaaden

Mit der einst größten Motorradfabrik der Welt im erzgebirgischen Zschopau war der 1919 im nahen Pobershau geborene Walter Kaaden schon von Hause aus verbunden: Sein Vater hatte lange Jahre im DKW-Werk gearbeitet, und er selbst absolvierte dort eine Lehre als Maschinenschlosser. Daran schloss sich ein Ingenieurstudium an den Chemnitzer »Technischen Staatslehranstalten« (später Technische Hochschule) an.
Nach dem Krieg begann er schnell sich aktiv in den Kreis derer einzureihen, die sich für einen baldigen Wiederbeginn des Motorrad-Renn-

Walter Kaaden war Rennfahrer, Konstrukteur und Leiter der MZ-Sportabteilung mit den Bereichen Straßenrennsport und Geländesport.

Endstation einer über 20jährigen Erfolgsgeschichte: Die 250er Triebwerkseinheit von 1977. Für internationale Erfolge reichte es auch deshalb nicht mehr, weil keine geeigneten Fahrer zur Verfügung standen.

Nach dem Sieg auf der Halle/Saale-Schleife erhielt Walter Kaaden neben dem Lorbeerkranz ein Radio – eine zur damaligen Zeit nicht zu unterschätzende Trophäe.

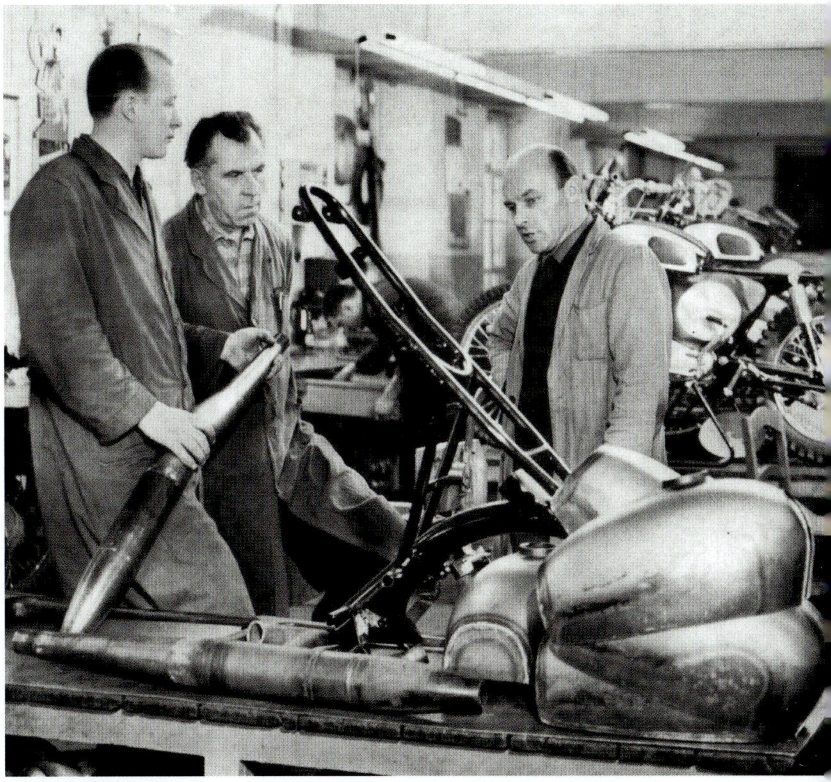

Schon während der Grand-Prix-Zeit war Walter Kaaden auch für die Geländesport-Abteilung von MZ verantwortlich. Diese Aufnahme zeigt ihn 1969 im Sportmotorradbau in Hohndorf.

sports in Deutschland einsetzten. Kaaden baute sich selbst eine 100er – ein ungewöhnlich niedriges Rennmotorrad mit nur 14 Zoll großen Rädern. Beim »Tunen« seines Motors kam ihm eine Erinnerung an seine Lehrlingszeit zugute. Damals, noch vor dem Krieg, hatte er Versuche im DKW-Werk beobachtet, bei denen mit Prallblech im Auspuff gearbeitet worden war. Bei günstiger Positionierung dieser Bleche ließ sich eine deutliche Leistungssteigerung erzielen. Mit immerhin schon 33 Jahren fuhr Kaaden 1952 auf dieser Maschine bei verschiedenen Ausweisrennen mit und erregte mit seinen Siegen auf der Halle / Saale-Schleife und in Bernau die Aufmerksamkeit des Zschopauer Werksdirektors Alfred Liebers. Kaaden hatte damals sicherlich nicht ahnen können, welch wichtige Rolle die von diesem tastenden Anfang ausgehende Entwicklung – die Nutzung der Gassäulen-Schwingungen in Ansaug- und Auspufftrakt sowie im Motor selbst – bei seiner Leistungssuche in späteren MZ-Jahren spielen würde.

1953 wurde – wie schon beschrieben – die Sportabteilung eingerichtet und Walter Kaaden zu ihrem Chef ernannt.

Unter Walter Kaadens Leitung wurde mit beispielhaftem Einsatz und unter vielerlei, dem Fernerstehenden kaum fassbaren Schwierigkeiten eine Motoren- und zwangsläufig auch Fahrwerks-Entwicklung in Gang gebracht.

Neben dem Drehschieber-Einlass hat er die ursprüngliche Schnürle-Umkehrspülung durch den berühmten »dritten Kanal« ergänzt und damit nicht nur mehr Leistung, sondern, dank geeigneter Frischgasführung, auch eine verbesserte Kolbenkühlung erreicht.

Walter Kaaden ist es, wie die zahllosen Erfolge beweisen, gelungen, seine MZ-Rennmaschinen auf einen international beispielhaften Entwicklungsstand zu bringen.

Nach der Auflösung der Rennabteilung wechselte Kaaden zu den MZ-Geländesportlern. Auch hier hatten MZ-Fahrer seit 1963 die Weltspitze mitbestimmt und blieben bis zum Ende der DDR auch dort.

1985 schied Kaaden bei MZ mit Erreichen des Rentenalters aus, blieb dem Rennsport aber weiterhin in verschiedenen Funktionen (als Mitglied der FIM bis 1990) erhalten.

Auf das, was er und seine Männer in jahrelanger, intensivster Entwicklungsarbeit und mit persönlichem Einsatz unter schwierigsten Umständen erreicht haben, durfte Walter Kaaden in seinen letzten Lebensjahren voller Stolz zurückblicken. Schließlich schloss sich die stürmische Weiterentwicklung des Hochleistungs-Zweitaktmotors in Japan nahtlos an sein Lebenswerk an. Und als sich Kaaden 1995 bei der Dutch TT in Assen im Fahrerlager dem Yamaha-Team näherte, rief ihm Teamchef Kenny Roberts ein »Hello Walter, come in« entgegen. Es wird den von seiner Krankheit gezeichneten Kaaden gefreut haben, dass er nicht vergessen worden war. Bis zu seinem Tode im Jahr darauf, am 3. März 1996 und sicherlich noch sehr lange danach nicht.

Erhart Krumpholz

Erhart Krumpholz wurde am 17. November 1912 in Wilkau bei Zwickau geboren, lernte Kfz-Mechaniker und begann 1936 seine Rennsport-

Walter Kaaden hat viele staatliche und sportliche Auszeichnungen erhalten – vor allem auf Letztere konnte er bis zu seinem Tode sehr stolz sein. Dieses Bild aus den letzten Tagen der DDR zeigt ihn bereits als schwer kranken Mann.

Erhart Krumpholz gehörte nach dem Zweiten Weltkrieg zu den IFA-Rennfahrern der ersten Stunde.

karriere als Ausweisfahrer auf einer 500er BMW. 1949 wurde er Testfahrer im Zschopauer DKW-IFA-Werk und fuhr auf präparierten RT 125 erste Rennen. Gleich 1950 und dann noch einmal 1952 holt sich Erhart Krumpholz auf der IFA RT 125 seine beiden Landestitel. Ab 1953 fuhr er im neu gegründeten Zschopauer Rennstall als Werksfahrer mit, konnte aber – immerhin schon 41jährig – mit den jungen Wilden nicht mehr mithalten. Er fuhr aber noch bis 1956 aktiv mit und wurde 1955 immerhin noch einmal DDR-Vizemeister. Danach war er in der Sportabteilung für den Nachwuchs und das Marketing zuständig. Zum Nachwuchs gehörte auch sein Sohn Dieter, der aber 1966 bei einer Testfahrt tödlich verunglückte. Vater Erhart starb am 22. November 2008.

Bernhard Petruschke

Bernhard »Petrus« Petruschke wurde am 6. April 1910 in Grünberg/ Schlesien geboren, wurde Zimmermann, machte schon mit 17 Jahren seinen Führerschein und startete ab 1931 als Motorradrennfahrer bei Berg- und Bahnrennen. Schon ein Jahr später erhielt er die Fahrerlizenz und fuhr sich stetig nach vorn: 1934 Vize-Bergmeister und im

Erhart Krumpholz 1951 mit der 125er IFA-Rennmaschine auf dem Sachsenring, wo er gegen die starke Mondial-Armada nichts ausrichten konnte.

Bernhard »Petrus« Petruschke beim Grand Prix von Deutschland 1954 auf der Solitude. Gegen die starke NSU-Konkurrenz gab es nichts zu gewinnen.

Jahr darauf Vize-Straßenmeister in der 500er Klasse auf Rudge. Ab der Saison 1937 wurde Petrus Werksfahrer bei DKW und 1938 und 1939 Vize-Europameister bei den 250ern. Nach dem Krieg machte er mit der von Daniel Zimmermann aufgebauten Drehschieber-125er auf sich aufmerksam, die auf staatliche Weisung hin dem neuen IFA-Rennkollektiv einverleibt wurde. Samt Fahrer Petruschke, der 1953 und 1954 in dieser Klasse DDR-Meister werden konnte. Mit 44 Jahren erst gab »Petrus« die Rennerei auf, blieb dem MZ-Renndienst aber weiter erhalten. Bernhard Petruschke starb am 1. Januar 2005.

Horst Fügner siegte am 17. August 1958 mit der MZ Re 250 auf dem Sachsenring.

Horst Fügner

Horst Fügner wurde am 11. März 1923 in Chemnitz geboren, erlernte den Beruf des Mechanikers und fuhr 1950 in Dessau sein erstes Motorradrennen mit einer selbst zurechtgemachten DKW RT 125. Auf dem Sachsenring wurde Fügner 1952 Dritter, was faktisch seine Eintrittskarte in das 1953 gegründete IFA-Rennteam war. Nach durchwachsenen Anfangsjahren holte sich Fügner 1955, 1956 und 1958 den DDR-Meistertitel in der 125er Klasse. In diesem letzten Jahr startete Fügner international auf der 250er MZ und konnte im schwedischen Hedemora den ersten Grand-Prix-Sieg für die Sachsen einfahren. Am Ende der Saison reichte es knapp für den Vize-Weltmeistertitel. 1959 stürzte Fügner in Spa so schwer, dass er seine Rennsport-Karriere beenden musste. Für die MZ-Sportabteilung war er aber noch viele Jahre tätig.

Horst Fügner (links) wurde 1955 DDR-Meister, Bernhard Petruschke nahm seinen vorläufigen Abschied als aktiver Rennfahrer.

Ernst Degner

Ernst Degner wurde am 22. September 1931 als Ernst Eugen Wotzlawek in Gleiwitz (Oberschlesien) geboren, beendete 1950 in der DDR seine Lehre als Autoschlosser und fuhr ab 1952 mit einer selbst aufgebauten IFA RT 125-Rennmaschine in der DDR-Meisterschaft mit. Ab 1954 war Degner dann Lizenzfahrer, wurde 1955 mit der privaten RT 125 DDR-Vizemeister und danach zwangsläufig vom MZ-Rennteam rekrutiert. 1957 holte er dann den DDR-Titel in der 125er Klasse, um danach vornehmlich im Grand-Prix-Zirkus Punkte zu sammeln und zwar sowohl in der Achtel- wie in der Viertelliter-Klasse. Am 6. September 1959 gelang ihm der erste Grand-Prix-Sieg in Monza. Weitere Siege folgten 1960 in Spa, 1961 in Hockenheim, am Sachsenring und wieder in Monza. In diesem Jahr 1961 war der WM-Titel in der 125er Klasse für MZ deutlich in Sicht, da setzte sich Degner beim Schweden-Grand-Prix in den Westen ab. »Degner hat DDR verraten« hieß es wenig später in der ostdeutschen Presse.

Nein, meint der Autor, selbst DDR-Flüchtling, dieses Land konnte man nicht verraten – seine Mannschaft, die Fahrerkollegen, Monteure und Konstrukteure aber sehr wohl. Zumindest diesen Vorwurf musste sich Degner gefallen lassen.

Bei Suzuki unter Vertrag fuhr Ernst Degner dann 1962 in der Schnapsglasklasse (50 ccm) den ersten WM-Titel ein. Insgesamt holte er bis 1966 zehn Grand-Prix-Siege für Suzuki, für einen weiteren Titel reichte es aber nicht mehr. Unter mysteriösen Umständen starb Ernst Degner am 8. September 1983 auf Teneriffa.

Werner Musiol

Neben Ernst Degner galt Werner Musiol als einer der talentiertesten Rennfahrer der DDR. Am 9. Juni 1930 geboren, begann er schon 1949 als Ausweisfahrer in der 125er Klasse, brauchte aber einen langen Anlauf, ehe er 1956 Lizenzfahrer wurde. Zum MZ-Team gehörte er aber erst einmal noch nicht, wenngleich er oft mit Werksunterstützung unterwegs war. Beim Schweden-Grand-Prix 1959 wurde er mit seiner 125er Werks-MZ Dritter und schaffte so seinen ersten Podestplatz. 1959 wurde er auch zweifacher

Schon Ende der 1950er Jahre war Ernst Degner in der DDR ein Star und ein hoffnungsvolles Talent mit Weltmeister-Potenzial.

Ernst Degner (links) und der Schweizer Luigi Taveri beim Fachsimpeln unter Experten. Der spätere dreifache Weltmeister Taveri fuhr 1959 einige Rennen für MZ.

DDR-Meister, mit der 125er und der 250er MZ. Auch 1960 und 1961 holte er diesen Titel in der Viertelliter-Klasse. Mit der 250er landete er auch seinen letzten Achtungserfolg, als er beim Sachsenring-Grand-Prix 1962 hinter Redman und Hailwood Dritter wurde.

Nach Degners Flucht war bei MZ nichts mehr wie es war und DDR-Fahrer hatten kaum noch Gelegenheit im westlichen Ausland zu starten. So wurde es um Werner Musiol ruhig. Er verstarb nach langer, schwerer Krankheit am 15. Oktober 1982.

Heinz Rosner

Heinz Rosner wurde am 14. Januar 1939 in Hundshübel (Erzgebirge) geboren, wird Kfz-Mechaniker und startet mit einer Eigenbau-RT 1958 auf der Halle-Saale-Schleife sein erstes Motorradrennen. Schon ein Jahr später ist er gelegentlich mit MZ-Werksmaterial unterwegs, wird 1960 Lizenzfahrer und spezialisiert sich auf die 250er Klasse. Durch unbedachte Äußerungen fällt Rosner in Ungnade, darf nicht mehr ins westliche Ausland und auch nicht mehr im MZ-Werksteam fahren. 1965 ist er wieder dabei und fährt gleich dreimal aufs Grand-

Vier DDR-Meistertitel und zwei Grand-Prix-Podestplätze waren die Ausbeute des neben Ernst Degner fahrenden Werner Musiol.

Zurecht durfte MZ 1963 behaupten, die schnellsten Zweitakt-Renner der Welt zu bauen. Das immer wieder gern gezeigte Bild mit Werner Musiol und der 250er auf der Fahrt zum dritten Platz beim WM-Lauf auf dem Sachsenring 1963.

Prix-Podest: Dritter in Brünn (125er), Zweiter in Imatra und Monza (250er). Danach folgen 16 Podestplätze bis 1968 in den Klassen 250 und 350 ccm und der dritte Platz im Endklassement 1968 in der Viertelliter-Klasse. Drei weitere Top-Drei-Platzierungen kamen in diesem denkwürdigen Jahr 1968 noch in der 125er Klasse dazu. Rosner fuhr also zeitweise in drei Klassen im Grand-Prix-Zirkus mit! In seiner letzten Saison 1969 schaffte er es noch dreimal aufs Podest, zum Sieg reicht es leider nie. Bedenkt man heute, dass Heinz Rosner zu einer Zeit auf den MZ-Maschinen unterwegs war, als diese nicht mehr die schnellsten Zweitakter der Welt waren, dafür aber sehr häufig wegen technischer Defekte ausfielen, und dass nicht jedes Rennen im westlichen Ausland beschickt werden konnte, dann muss man ihn als besten DDR-Rennfahrer überhaupt bezeichnen.

Volle Konzentration vor dem Rennen: Heinz Rosner war alles in allem der beste Fahrer aus der DDR, der je auf einer MZ-Rennmaschine saß.

Heinz Rosner war 1967 immer noch bester DDR-Fahrer auf MZ. In Hockenheim, Brünn, Ulster und Monza fuhr er in diesem Jahr zweite und dritte Plätze in den Klassen 250 und 350 cm³ ein, ohne jedoch zu siegen.

32003

Hartmut Bischoff auf seiner 125er HB-MZ 1969 beim Großen Preis von Finnland in Imatra.

Hartmut Bischoff

Hartmut Bischoff, Jahrgang 1937, wurde zwischen 1960 und 1974 sieben Mal DDR-Meister, sammelte auch etliche Punkte in der Motorrad-WM, ohne hier aber je aufs Podest fahren zu können. Dafür reichte es bei seinen Eigenbau-Maschinen nicht, in der DDR und im Wettbewerb mit den sozialistischen Ländern waren sie aber Spitze. HB-MZ wurde zu einer eigenen Marke, auf der viele Fahrer im Ostblock unterwegs waren. Bischof hatte für seine Maschinen ab 1974 selbst entwickelte Scheibenbremsen eingesetzt, er konstruierte eigene Vergaser und ganze Rennmotoren. Speziell seine 250er Einzylinder-Maschinen beherrschten in den 1970er und 1980er Jahren die Szene im Osten. Den DDR-Behörden war Bischoff stets ein Dorn im Auge, ihre ständigen Eingriffe in seine Tätigkeit führten schließlich 1983 zu seiner Ausreise in den Westen. Hier betreute er so bekannte Rennfahrer wie Reinhold Roth oder Peter Öttl. Hartmut Bischoff starb 1996 im Alter von nur 59 Jahren.

DIE MZ-GRAND-PRIX-SIEGE

Jahr	Ort	Hubraumklasse	Fahrer
1958	Hedemora	250	Horst Fügner
1959	Monza	125	Ernst Degner
1959	Kristianstad	250	Gary Hocking
1959	Ulster	250	Gary Hocking
1960	Spa	125	Ernst Degner
1961	Hockenheim	125	Ernst Degner
1961	Sachsenring	125	Ernst Degner
1961	Monza	125	Ernst Degner
1963	Sachsenring	250	Mike Hailwood
1964	Daytona	250	Alan Shepherd
1971	Salzburgring	250	Silvio Grassetti
1971	Spa	250	Silvio Grassetti
1971	Ulster	350	Peter Williams

Hartmut Bischoffs HB-MZ 250 von 1976. Die Maschine wog 95 kg, der Motor leistete 48 PS bei 9500 U/min. Damit war die Maschine in der Ausweisklasse absolut konkurrenzfähig. (Foto: Günter Geyler)

Der mehrfache DDR-Meister Hartmut Bischoff baute anfangs für sich, später für eine ganze Reihe von Privatfahrern seine Eigenbau-MZ mit der Zusatzbezeichnung »HB« auf. Im Bild eine Einzylinder-Maschine von 1981, die bei 9000 U/min 38 PS leistete und 190 km/h schnell war.

Das neue MZ-Werk bei Hohndorf war im November 1992 zum Teil noch eine Baustelle. 1994 begann hier die Montage.

MuZ, Rotax und die letzten Zweitakter

MuZ, Rotax und die letzten Zweitakter

Die jahrzehntelange Monokultur von einem Zylinder, gekoppelt mit dem einfachsten Zweitaktprinzip war den MZ-Leuten, die dies nicht zu verantworten hatten, nach dem 9. November 1989 schwer auf die Füße gefallen. Wie bereits beschrieben, brach der Absatz ganz schnell ein und das Werk war in seiner bisherigen Form nicht mehr zu halten. Schon deshalb nicht, weil die meisten Gebäude und Produktionsanlagen mit einer sehr breiten Fertigungstiefe bereits über die Verschleißgrenze hinaus strapaziert worden waren. Den Gnadenschuss erhielt MZ dann mit der Einführung der D-Mark am 1. Juli 1990. Die neu gegründete Treuhandanstalt, die sich in der Folge der deutschen Wiedervereinigung um die Betriebe im Osten kümmern, diese also sanieren, verkaufen oder liquidieren sollte, wandelte am 1. September 1990 den volkseigenen Betrieb in eine GmbH um, die zunächst von der Treuhand selbst geleitet wurde.

Rettungsversuche und Liquidation

Was wurde anfänglich nicht alles versucht, um den ostdeutschen Motorradbauer wieder auf die Beine bzw. Räder zu bringen. BMW kam ins Spiel, zeigte den Erzgebirglern, die Konkurrenz fürchtend, letztlich nur die kalte Schulter. Honda, Yamaha, Suzuki – ja sogar Harley Davidson zeigten Interesse, aber keine Konzepte, die der Treuhand genehm waren. Am weitesten gedieh noch eine mögliche, von MZ-Mitarbeitern initiierte Zusammenarbeit mit der österreichischen Firma KTM, die aber schließlich auch im Sande verlief.

Auf die 70 Jahre währende Tradition bauend, wurde das neue MZ-Logo dem alten DKW-Markensymbol aus Vorkriegszeiten angeglichen.

1991 brachen die Verkaufszahlen weiter um etwa 70 Prozent gegenüber dem sowieso schon rückläufigen Jahr 1990 ein. Die Treuhand sah keine Alternative mehr – im Dezember 1991 wurde die Liquidation von MZ beschlossen. Die Geschäftstätigkeit durfte zunächst für sechs Monate fortgeführt werden, ein »i. L.« (in Liquidation) im Briefkopf, machte diese allerdings nicht leichter.

Ein Betrüger an der Spitze

12 500 Bestellungen forderte die Treuhand bis zum 30. Juni 1992, um die Gnadenfrist für MZ zu verlängern. Millionen vom Land Sachsen und ein Lohnverzicht der Mitarbeiter sollten zur Rettung beitragen. Und vor allem der von der Treuhand eingesetzte Wolfram Sauerbrey, von der Nürnberger Unternehmensberatung »Mentis« kommend, sollte es richten.

Da die alte Firma MZ noch existierend in Liquidation befand, musste für die neue Firma in »Motorrad- und Zweiradwerk Zschopau« ausgewichen werden.

LANDGERICHT STUTTGART
Rieker-Müller
Richterin am LG
Pressereferentin für Strafsachen

Landgericht · Postfach 10 29 55 · 7000 Stuttgart 1

Herrn
Reinhold Wagner
Herzogstr. 22
8500 Nürnberg 30

Aktenzeichen (bitte bei Antwort angeben)
Telefon (07 11) 2 12-1
Durchwahl 2 12- 3842
Stuttgart 18.12.1992

Betr.: Strafverfahren gegen Herrn Wolfram Sauerbrey
hier: Ihre Anfrage vom 7.12.1992

Sehr geehrter Herr Wagner,

auf Ihre Anfrage nach dem Stand des Verfahrens gegen Herrn Sauerbrey teile ich Ihnen mit, daß derzeit noch nicht absehbar ist, wann über die Eröffnung des Hauptverfahrens entschieden wird und wann gegebenenfalls die Hauptverhandlung stattfinden wird. Die mit dieser Strafsache befaßte Strafkammer hat vordringlich eine Reihe eiliger Haftsachen zu bearbeiten. Ich hoffe, Ihnen mit dieser Auskunft gedient zu haben.

Mit freundlichen Grüßen

Rieker-Müller
(Rieker-Müller)

Nach ca. zehn Jahren musste sich Wolfram Sauerbrey erneut der Stuttgarter Justiz stellen.

Die ursprünglich geforderten Aufträge kamen natürlich nicht, dennoch billigte die Treuhand die Gründung der Firma »MuZ« – Motorrad- und Zweiradwerk Zschopau, mit noch 250 Mitarbeitern. Auf MuZ musste ausgewichen werden, da sich die ursprüngliche Firma, immer noch existierend in der Abwicklung befand. Hauptgeschäftsführer wurde Sauerbrey, der sich den Tschechen Petr-Karel Korous – ebenfalls von der Nürnberger »Mentis« kommend, als kaufmännischen Geschäftsführer an die Seite holte. Sauerbrey blieb nicht lange im Amt. Der bereits zehn Jahre zuvor rechtskräftig verurteilte Betrüger musste im Herbst seinen Hut nehmen. Vom Stuttgarter Landgericht wurden ihm erneut Veruntreuung und Urkundenfälschung vorgeworfen. Als alleiniger Geschäftsführer fungierte fortan Petr-Karel Korous.

Die Saxon-Viertakt-Baureihe

Ab April 1992 begann die Einführung einer »neuen« 500er Reihe, die zwar nach wie vor auf der MZ 500 R basierte, sich durch italienische Anbauteile in kräftigen Farben jedoch optisch deutlich von der bisherigen ETZ-Baureihe abhob. »Saxon« tauften die Erzgebirgler diese Reihe, zu der auch die im nächsten Teilkapitel vorgestellten Zweitakter gehörten. »500 Tour« und »500 Fun« nannten sich die ersten beiden Modelle, die sich neben der Farb-

Mit neuem Design und der Bezeichnung »Saxon« versuchte MZ/MuZ mit dem Rotax-Motor in eine neue Modelloffensive zu gehen. Die Saxon Tour eröffnete die neue Rotax-Baureihe.

gebung noch durch die Verkleidung unterschieden. Während die »Tour« lediglich eine knappe Lampenverkleidung besaß, war diese bei der »Fun« direkt mit dem – hier größeren – Tank zu einer Art Halbverkleidung verbunden. Beide Maschinen hatten neben dem Kick- auch einen Elektrostarter. Mit dem Velorex-Seitenwagen Typ 562 verbunden, wurde die »Tour«-Variante ab 1993 als eigenständiges Modell mit der Bezeichnung »Voyager« angeboten.

Diese Maschinen liefen ab Juli 1992 zwar immer noch als Marke MZ vom Band, der Hersteller firmierte aus der Liquidation heraus aber inzwischen unter »Motorrad- und Zweiradwerk GmbH« (MuZ). Das Firmenlogo lehnte sich an das alte grün-weiße DKW-Zeichen an und versuchte so mit der großen Zschopauer Motorradtradition zu werben.

Im September folgte das Modell »Country«, das sich erst bei genauerem Hinsehen von der »Fun«-Version unterschied. Die breiteren Speichenräder mit dem größeren Vorderrad und die große Gepäckbrücke fielen ins Auge. Die Leistung des Motors konnte auf 34 PS gesteigert werden.

Die Saxon Fun 500 mit ein paar zusätzlichen Plastikteilen. Tour und Fun konnten wahlweise mit Guss- oder Drahtspeichenfelgen geliefert werden.

Zusammen mit einem Velorex-Seitenwagen wurde die Saxon Tour zur »Voyager«. Für den Seitenwagenbetrieb war ein spezieller Unterzug notwendig.

Mit der Saxon Country versuchte MZ sein Modellprogramm um eine Reiseenduro zu erweitern.

Zumindest für die sächsische Polizei wurden auch einige Saxon 500-Maschinen von MuZ geliefert.

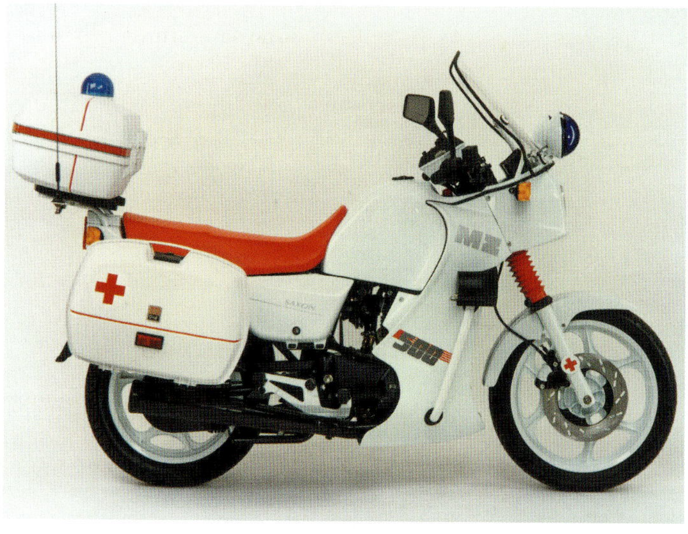

Die Schnelle Medizinische Hilfe auf der Basis der Polizei-Version blieb ein Studienobjekt.

Die bis heute gefragtesten MZ-Maschinen der Rotax-Ära sind die Silver Star Classic (Foto) und die in Rotbraun gehaltene Red Star.

Von der Silver Star abgewandelt bot auch die Red Star Retro-Design pur.

Auch die Rotax-Star-Modelle von MuZ konnten ab Werk mit einem tschechischen Velorex-Seitenwagen geordert werden.

Für Polizei und ADAC

Auf der Basis der eben vorgestellten 500er Maschinen fertigte MuZ eine Polizei-Version, die vor allem an sächsische Ordnungshüter geliefert wurde. Einige mit spezieller Verkleidung versehene »Fun«-Modelle orderte der ADAC.

Mit der Silver Star nach Hohndorf

Trotz allem kam die Saxon-Modellreihe mit dem Rotax-Motor insgesamt nicht über 2400 Exemplare hinaus, und davon ging der Löwenanteil an die ebenfalls im Herbst 1992 erschienene Silver Star Classic 500. Das im Stil der frühen siebziger Jahre designte Retro-Bike erregte Aufsehen und brachte MuZ wenigstens kurzzeitig positive Schlagzeilen. Längst ist diese Maschine, die es in roter oder grüner Farbe auch als »Red Star« und »Green Star« gab, ein begehrtes Sammlerstück.

Im Frühjahr 1994 zog MuZ endlich in die neuen Werkhallen im nahe gelegenen Hohndorf. Aus der Rotax-Reihe zogen nur die Country und die Silver Star mit, die anderen Rotax-Modelle liefen aus, so wie auch 72 Jahre Motorradfertigung im Dischautal bei Zschopau zu Ende gingen. In Hohnndorf an der Marienberger Straße war schon 1979 mit einem Erweiterungsbau für die Motorenfertigung begonnen worden. Der Gebäudetrakt oberhalb des Dischautals wurde nach 1990 erweitert und mit einem Bürogebäude versehen. Ab Herbst 1992 begann Schritt für Schritt der Umzug, der erst im April 1994 weitestgehend abgeschlossen werden konnte.

Die letzten MZ-Zweitakter

Parallel zu den Viertaktmaschinen und mit den gleichen poppigen Anbauteilen versehen erschienen ab April 1992 die ehemalige ETZ 251 und ETZ 301 als Tour- und Fun-Modelle. Nach der Gründung

Im August 1992 präsentierten die Stiletto Studios aus Berlin diese Design-Studie einer möglichen ETZ 251, die aber nicht weiter verfolgt wurde.

Die ETZ 251 von 1992 mit neuen Anbauteilen, aber noch vor der Aufnahme in die Saxon-Modellreihe. Auch die Zweitakter waren wahlweise mit Gussfelgen lieferbar.

von MuZ bekamen auch diese Maschinen den Beinamen »Saxon« und schienen, zusammen mit den Rotax-Maschinen, eine stimmige Produktpalette zu bilden. Tatsächlich unterschieden sich Zweitakter und Viertakter im Wesentlichen nur durch die Triebwerkseinheiten samt Abgasanlage. In der Beliebtheitsskala lagen beide Modellreihen auch ziemlich gleich auf, das heißt im tiefsten Keller. Die 250er Modelle waren nun auf versicherungsgünstige 17 PS gedrosselt, aber wen interessierte das zu dieser Zeit noch? Auf

Je nach dem Design der Anbauteile und der Hubraumgröße wurde aus der alten Zweitakt-ETZ eine MuZ Saxon 251 bzw. 301 Tour…

…oder Fun. Aber wer wollte nach 1990 noch ein Einzylinder-Zweitakt-Motorrad?

dem deutschen Zulassungsmarkt jedenfalls kaum jemanden und im osteuropäischen Ausland, wo die Nachfrage nach wie vor groß gewesen wäre, konnte sich die Maschinen niemand mehr leisten. Die Zeit der sozialistischen Tauschgeschäfte war vorbei; es zählte nur noch Bares und zwar in harter Währung. So kam es, dass von den ETZ 251 Tour und Fun und den ETZ 301 Tour und Fun bis 1994 insgesamt lediglich 2073 Maschinen gebaut werden konnten. Von der ETZ 301 Tour sollen nicht einmal 100 Exemplare verkauft worden sein. Aus diesem Grunde zogen auch diese Modelle nicht mit in das neue Werk in Hohndorf.

Eine 125er bleibt im Programm

Ein MZ-Zweitakter erlebte allerdings noch die neue Montagehalle: Die ETZ 125 Sportstar. Ebenfalls in die Saxon-Baureihe integriert, erschien die ehemalige 125er ETZ 1992 in zwei Varianten, und zwar als Roadstar und als Sportstar. Die beiden Maschinen hatten sich gegenüber ihren DDR-Vorgängern fast nur optisch verändert; der Motor leistete, sofern ungedrosselt, jetzt immerhin 15 PS. Vielleicht war es ja die durch eine Verkleidung des Zylinders vorgetäuschte Wasserkühlung, die für mehr Absatz des Sportstar-Modells sorgte, insgesamt blieben die Verkaufszahlen aber auch bei den kleinen Maschinen mehr als be-

Auch die alten 125er ETZ-Modelle wurden der westlichen Verwertung zugeführt. In Form der MuZ Saxon Roadstar 125…

scheiden. Der Boom der 125er in Deutschland, der hier vielleicht hätte helfen können, setzte erst ein paar Jahre später ein. Bis 1996 blieb die kleine Sportstar immerhin im Programm. Da hatte die sächsische Motorradschmiede, die nicht zuletzt durch gravierende Managementfehler ständig am Existenzminimum (eigentlich darunter) dahindümpelte, wieder einmal das endgültige Aus gerade noch so abgewehrt.

Die ETZ aus der Türkei

Nach dem Ende der großen Zweitaktbaureihe wurden deren Anlagen und Materialbestände an den türkischen Importeur Kubalkan verkauft, der die ETZ 251 und 301 nahezu unverändert unter dem Markennamen Kanuni weiterproduzierte. In der Türkei wurden diese Maschinen zu absoluten Rennern und interessanterweise wurden die türkischen ETZ auch nach Deutschland exportiert.

…oder der Saxon Sportstar 125 mit vorgetäuschter Wasserkühlung.

Blick zurück mit Wehmut: Die alten DKW-MZ-Werksanlagen im November 1992. Nach 70 Jahren Motorradfertigung im Dischautal hatte der Umzug nach Hohndorf begonnen.

Modell	500 R	500 Tour	500 Fun	500 Polizei	500 Country	500 Silver Star
Bauart	Motorrad	Motorrad	Motorrad	Behörden	Motorrad	Motorrad
Motor	Rotax-Viertakt	Rotax-Viertakt	Rotax-Viertakt	Rotax-Viertakt	Rotax-Viertakt	Rotax-Viertakt
Hubraum ccm	494	494	494	494	494	494
Leistung PS	27	27	27	27	34	34 (27)
bei Drehzahl 1/min	6500	6500	6500	6500	7200	7200 (6500)
Drehmoment Nm	32	32	32	32	35	35 (32)
bei Drehzahl 1/min	4500	4500	4500	4500	4000	4000 (4500)
Zylinderzahl	1	1	1	1	1	1
Bohrung/Hub mm	89/79,4	89/79,4	89/79,4	89/79,4	89/79,4	89/79,4
Verdichtung :1	9,2	9,2	9,2	9,2	9,2	9,2
Gassteuerung	ohc	ohc	ohc	ohc	ohc	ohc
Kühlung	Fahrtwind	Fahrtwind	Fahrtwind	Fahrtwind	Fahrtwind	Fahrtwind
Vergaser	Dellorto	Dellorto	Dellorto	Dellorto	Bing	Bing
Durchlass mm	34	34	34	34	33	33
Starter	Kick/Elektro	Kick/Elektro	Kick/Elektro	Kick/Elektro	Kick/Elektro	Kick/Elektro
Zündung	elektronisch	elektronisch	elektronisch	elektronisch	elektronisch	elektronisch
Kraftübertragung						
Getriebe/Gangzahl	5	5	5	5	5	5
Hinterradantrieb	Kette	Kette	Kette	Kette	Kette	Kette
Fahrwerk						
Rahmen	Zentralkasten m. angeschw. Heck	Zentralkasten m. angeschw. Heck	Zentralkasten m. angeschw. Heck	Zentralkasten m. angeschw. Heck	Zentralkasten m. angeschw. Heck	Zentralkasten m. angeschw. Heck
Federung vorn	Telegabel	Telegabel	Telegabel	Telegabel	Telegabel	Telegabel
Federung hinten	Schwinge mit Federbeinen	Schwinge mit Federbeinen	Schwinge mit Federbeinen	Schwinge mit Federbeinen	Schwinge mit Federbeinen	Schwinge mit Federbeinen
Federweg vorn mm	185	185	185	185	185	165
Federweg hinten mm	135	135	135	135	135	105
Bremse vorn	Scheibe 280 mm	Scheibe 280 mm	Scheibe 280 mm	Scheibe 280 mm	Scheibe 280 mm	Scheibe 280 mm
Bremse hinten	Trommel 150 mm	Trommel 150 mm	Trommel 150 mm	Trommel 150 mm	Trommel 150 mm	Trommel 150 mm
Reifen vorn	90/90-18	90/90-18S	90/90-18S	90/90-18S	100/90-19	90/90-18
Reifen hinten	110/80-16	110/80-16S	110/80-16S	110/80-16S	120-90-16	110/80-18S
Maße und Gewichte						
Tankinhalt Liter	17	17	24	17	24	13
Radstand mm	1322	1370	1370	1370	1420	1350
Sitzhöhe mm	820	820	820	820	820	780
Leergewicht kg	157	157	165	k. A.	170	161
Zul. Gesamtgewicht kg	330	330	330	330	330	330
Höchstgeschwindigkeit km/h	150	150	150	145	140	140 (135)
Baujahre	1991/92	1992-94	1992-94	1992-94	1992-97	1992-97
Stückzahl	1036	2408 (alle Rotax-Saxon)				
Preis DM	6.750	6.950	7.100	14.000	8.445	8.995

Modell	ETZ 251 Tour	ETZ 301 Tour	ETZ 251 Fun	ETZ 301 Fun	ETZ 125 Roadstar	ETZ 125 Sportstar
Bauart	Motorrad	Motorrad	Motorrad	Motorrad	Motorrad	Motorrad
Motor	MZ-Zweitakt	MZ-Zweitakt	MZ-Zweitakt	MZ-Zweitakt	MZ-Zweitakt	MZ-Zweitakt
Hubraum ccm	243	291	243	291	123	123
Leistung PS	17	23	17	23	10	15
bei Drehzahl 1/min	5000	5500	5000	5500	5800	6750
Drehmoment Nm	25	31	25	31	12	16
bei Drehzahl 1/min	4500	5200	4500	5200	5700	6300
Zylinderzahl	1	1	1	1	1	1
Bohrung/Hub mm	69/65	75,5/65	69/65	75,5/65	52/58	52/58
Gassteuerung	Umkehrspülung	Umkehrspülung	Umkehrspülung	Umkehrspülung	Umkehrspülung	Umkehrspülung
Kühlung	Fahrtwind	Fahrtwind	Fahrtwind	Fahrtwind	Fahrtwind	Fahrtwind
Vergaser	Bing	Bing	Bing	Bing	Bing	Bing
Durchlass mm	30	30	30	30	22	22
Starter	Kick	Kick	Kick	Kick	Kick	Kick
Zündung	elektronisch	elektronisch	elektronisch	elektronisch	elektronisch	elektronisch
Kraftübertragung						
Getriebe/Gangzahl	5	5	5	5	5	5
Hinterradantrieb	Kette	Kette	Kette	Kette	Kette	Kette
Fahrwerk						
Rahmen	Zentralkasten m. angeschw. Heck	Zentralkasten m. angeschw. Heck	Zentralkasten m. angeschw. Heck	Zentralkasten m. angeschw. Heck	Zentralkasten m. angeschw. Heck	Zentralkasten m. angeschw. Heck
Federung vorn	Telegabel	Telegabel	Telegabel	Telegabel	Telegabel	Telegabel
Federung hinten	Schwinge mit Federbeinen	Schwinge mit Federbeinen	Schwinge mit Federbeinen	Schwinge mit Federbeinen	Schwinge mit Federbeinen	Schwinge mit Federbeinen
Federweg vorn mm	185	185	185	185	185	185
Federweg hinten mm	135	135	135	135	135	135
Bremse vorn	Scheibe 280 mm	Scheibe 280 mm	Scheibe 280 mm	Scheibe 280 mm	Scheibe 280 mm	Scheibe 280 mm
Bremse hinten	Trommel 150 mm	Trommel 150 mm	Trommel 150 mm	Trommel 150 mm	Trommel 150 mm	Trommel 150 mm
Reifen vorn	90/90-18 S	90/90-18 S	90/90-18 S	90/90-1 8S	2.75-18 R	2.75-18 R
Reifen hinten	110/80-16 S	110/80-16 S	110/80-16 S	110/80-16 S	3.25-16 R	3.25-16 R
Maße und Gewichte						
Tankinhalt Liter	19	24	19	24	19	19
Radstand mm	1322	1322	1322	1322	1295	1295
Sitzhöhe mm	820	820	820	820	790	790
Leergewicht kg	149	151	149	151	131	131
Zul. Gesamtgewicht kg	330	330	330	330	290	290
Höchstgeschwindigkeit km/h	115	135	115	135	110	110
Baujahre	1992-94	1992-94	1992-94	1992-94	1992-94	1992-96
Stückzahl	2073 (alle Tour- u. Fun-Modelle)				672	2339
Preis DM	4.590	4.850	4.890	5.150	3.840	4.290

Will nur spielen: die MZ mit dem Namen einer Kampfhunderasse: »Mastiff«.

Yamaha-Motoren und Elektro-Roller

Yamaha-Motoren und Elektro-Roller

Für die neue MuZ GmbH war der Start in jeder Beziehung denkbar schwierig. Die kaum konkurrenzfähigen Modelle kamen auf einen international gesättigten Markt, auf dem tolle Motorräder aus Fernost zu Dumpingpreisen verschleudert wurden. Die kamen für die ehemals treue MZ-Kundschaft aus dem Osten gerade recht. Und die Treuesten der Treuen mussten schauen, wo sie überhaupt noch eine MZ herbekamen. Das alte IFA-Vertriebsnetz existierte nicht mehr, neue, selbständige Kleinunternehmen, die jetzt mit Motorrädern handeln wollten, mussten sich erst einmal orientieren. Und bei MZ selbst waren neue Modelle – weg von der alten ETZ-Technik – dringend geboten.

MuZ Skorpion

Anfang Dezember 1992 wartete MZ auf der Motorshow in Birmingham mit einer echten Überraschung auf: Die »Skorpion« in den Varianten Sport und Tour mit einem unkonventionellen Design und einem auffälligen Brückenrohrrahmen aus Chrommolybdän wird als Prototyp vorgestellt. Da hatte MZ keine Kosten gescheut, um ein schlagzeilenträchtiges, neues Motorrad auf die Räder zu stellen; für das Aussehen konnte das britische Designer-Duo Seymour / Powell

Der im Dezember 1992 vorgestellte Skorpion-Prototyp in der Sportvariante und noch mit Rotax-Motor.

Auch dieses versuchsweise aufgebaute Tourenmodell war noch mit dem alten Rotax-Motor ausgestattet.

Das Gasdruck-Zentralfederbein gehörte zum durchaus modernen Fahrwerk der neuen MuZ Skorpion.

Noch nicht ganz fertig, aber fast: Ein Vorserienmodell der Skorpion Sport mit Yamaha-Motor im Herbst 1993. Nicht zuletzt BMW verhinderte den Einsatz eines modernen Rotax-Triebwerks, das die Bayern in ihre neue F 650 einsetzten.

Petr-Karel Korous in seinem Element: Im Herbst 1993 präsentiert er auf einer Messe die künftige MuZ Skorpion Sport.

verpflichtet werden und für das äußerst moderne Fahrwerk (mit Gasdruck-Zentralfederbein) zeichnete Dave Pearce verantwortlich. Konventionell war zu diesem Zeitpunkt lediglich der Rotax-Einzylinder-Motor, der im Verlaufe der Serienvorbereitung dann vom nicht mehr ganz taufrischen, aber zuverlässigen und durchzugstarken Yamaha XTZ 660 Single mit Fünfventil-Technik ersetzt wurde. Die 48 PS waren zu dieser Zeit für einen Einzylinder-Motor dieser Größe eine ordentliche Hausnummer (die Maschinen wurden dann natürlich auch in der gedrosselten 34-PS-Version geliefert).

Noch bevor die Skorpion in die Serienproduktion ging, erhielt MuZ im Juni 1993 in New York den »International Design Award« für das neue Modell, das dann ab April 1994, zunächst in den Varianten »Sport« und »Tour«, käuflich erworben werden konnte. Nur wenige Interessierte machten davon allerdings Gebrauch – trotz der hohen Vorschusslorbeeren.

Skorpion Sport und Traveller

In der Version »Sport« fiel die Skorpion durch eine knappe Halbverkleidung und zwei Einzelsitze auf (die Designelemente der Skorpion kamen fast ausnahmslos aus Italien). Das nackte Modell »Tour« war der Kurvenräuber auf Landstraßen schlechthin und hielt für Fahrer und Sozius eine bequemere Sitzbank und eine insgesamt angenehmere Sitzposition bereit.

Mit einer Vollverkleidung und einem serienmäßigen Koffersatz mutierte die »Tour« schließlich zur Skorpion »Traveller« und vervollständigte so das Skorpion-Programm des ersten Produktionsjahres.

Preiswerter Einstieg: MuZ bot die unverkleidete Skorpion Tour ab dem Frühjahr 1994 für unter 10 000 Mark an.

Das Design aus England, die Anbauteile aus Italien, der Motor aus Japan. Die Skorpion Sport war zunächst das Flaggschiff der Baureihe.

Eine Skorpion Sport wird im neuen Werk in Hohndorf montiert. (Foto: FOTOPROJEKT Röhrsdorf)

In Hohndorf wurden die Motorräder an Einzelstationen montiert, das machte es einfacher auf Kundenwünsche einzugehen. (Foto: FOTOPROJEKT Röhrsdorf)

Mit Vollverkleidung und Seitenkoffern mauserte sich das Tour-Modell zur MuZ Skorpion Traveller.

Skorpion Replica und Cup

1995 kam dann mit dem Modell »Replica« noch eine Edel-Skorpion hinzu, die fast 15 000 Mark kostete. Dafür gab es eine sportlich gestylte Vollverkleidung, hochwertige Fahrwerksbauteile von Wilbers Products, Rennsportbremsen von Brembo und ein um 2 PS stärkeres Triebwerk nebst neuer, bis unter die Sitzbank gezogener Edelstahl-Auspuffanlage. Es muss darauf hingewiesen werden, dass die Bezeichnung »Replica« nicht den Nachbau der sehr erfolgreichen Werksrennmaschinen dieser Jahre bedeutete, wenngleich MuZ eine Assoziation dieser Art natürlich gern in Kauf nahm.

Die Replica war das Edelbike unter den Skorpionen, mit 50 PS allerdings etwas mager motorisiert für einen Sportler.

Eine käuflich erwerbbare Rennmaschine auf Basis der Skorpion hat es aber dennoch gegeben. MZ rief 1996 den Skorpion-Cup ins Leben, eine Rennserie, die einen preiswerten Einstieg in den Straßenrennsport ermöglichen sollte und die auch bald viele Freunde fand. Für 11.126 D-Mark stellte MZ den Fahrern eine vollverkleidete und mit

Die MuZ Skorpion Cup war ein Prestigeobjekt für die motorsportbegeisterten Erzgebirgler. (Foto: Bike-ourius)

Renntechnik versehene Skorpion Sport samt Fahrer- und Mechanikerbekleidung zur Verfügung. Interessant für die Käufer war die Möglichkeit, die Maschine relativ problemlos zur zugelassenen Straßenmaschine umzurüsten und dann auch wieder zurückzubauen. Die Skorpion Cup löste 1999 das Modell »Sport« ab.

Hong Leong übernimmt

Zu dieser Zeit hatte bei MZ die malaysische Firma Hong Leong das Sagen. Sie hatte im September 1996, nach langen und zähen Verhandlungen, den inzwischen zahlungsunfähigen sächsischen Motorradhersteller übernommen und sorgte nun für ein wenig Ruhe und Sicherheit am Standort, die sich allerdings als trügerisch erwies. MuZ war eine von rund 200 Abteilungen des fernöstlichen Mischkonzerns geworden, der sich zwar mit viel Optimismus, aber völlig falschen Vorstellungen in die europäische Motorradindustrie mischte und ernsthaft glaubte, MuZ zu einem führenden Hersteller auf dem Kontinent machen zu können. Als Geschäftsführer fungierten gleichzeitig Petr-Karel Korous und Ron Lim, Chef der Fahrzeugsparte von Hong Leong. Ganze 70 Mitarbeiter waren im Oktober 1996 noch bei MuZ tätig, dazu kamen 30 in der neu gegründeten MuZ Engineering GmbH mit Korous als alleinigem Geschäftsführer. Hier sollten künftig alle Entwicklungsarbeiten zusammen laufen.

Den Skorpionen war kaufmännisch kein Erfolg beschieden. Bernd Baumgartl, langjähriger Entwicklungsleiter bei MZ, hatte sich von Anfang an für Fahrzeuge mit Endurocharakter stark gemacht, wurde von Chef Korous aber ausgebremst.

MuZ Mastiff und Baghira

Im Juni 1997 ging zuerst die »Mastiff« und wenig später die »Baghira« in die Serienfertigung; zwei neue Zschopauer Motorräder, die zu diesem Zeitpunkt durchaus konkurrenzfähig waren. Allerdings waren sie nicht so ganz neu. Das Triebwerk stammte weiterhin von Yamaha (u. a. Tenere) und auch die wesentlichen Fahrwerkselemente wurden von den Skorpion-Typen übernommen. Der Rohrrahmen war jetzt nicht mehr so dominant, einige Designelemente, wie etwa der Rohrbogen, an dem Doppelscheinwerfer und Armaturen befestigt waren, dafür umso mehr. Verspielt nannten einige die Optik, die vom japanischen Designer Masanori Hiraide stammte. Die Aufmerksamkeit war den neuen Zschopauern jedenfalls sicher und sie verkauften sich auch deutlich besser als die Skorpion-Motorräder.

Die Zeichnungsentwürfe des Japaners Masanori Hiraide für die Modelle Mastiff und Baghira kamen dem endgültigen Design schon sehr nahe.

Eine der ersten Supermotos

Die Mastiff sollte als reines Funbike einer KTM Duke, Aprilia Pegaso oder gar BMW F 650 ein wenig das Publikum streitig machen (vor allem das nicht so zahlungskräftige), geriet dann aber mit den kleinen 17-Zoll-Rädern unvermittelt in die gerade aufkommende Supermoto-Mode und war faktisch einer der ersten käuflich erwerbbaren Vertreter dieser neuen Gattung. Fahrwerkseitig konnte die Mastiff da voll mitmischen, lediglich der Motor war trotz seiner 50 PS ein wenig zu zäh für die Supermoto-Hatz. Auf engen, kurvigen Landstraßen war die Maschine dagegen bestens aufgehoben. Ab dem Jahr 2000 konnte die Mastiff in der Variante »Warrior« mit einer mattschwarzen Lackierung und geänderten Scheinwerfern erworben werden.

Ein wenig gewöhnungsbedürftig war das Design der neuen MuZ-Maschine schon, die Mastiff fuhr auch stets im Schatten ihrer Schwester Baghira.

Für den Großstadtdschungel: Die MZ Baghira in der normalen Enduro-Variante und bunten Farbgebung der frühen Jahre.

Ein Gesicht in der Menge

Auf die mehr enduristisch-interessierten Käufer zielte die Baghira ab, und zumindest in Bezug auf die schwarze Lackierung könnte sie mit dem Panther aus dem Dschungelbuch etwas gemein haben. Ein späteres Sondermodell in tiefem Schwarz wurde dann ja auch »Baghira Black Panther« getauft. Am Anfang ihrer Karriere fiel die Maschine aber mit ganz anderen Farben auf: Orange, Violett und Ocker an einem Motorrad hatte man bis dato noch nicht gesehen. Zusammen mit dem ungewöhnlichen Design also zwar etwas gewöhnungsbedürftig, letztendlich aber ein echtes Gesicht in der Menge. Und abgesehen vom nicht sonderlich agilen Motor war die Baghira kein weichgespültes Reisemotorrad, denn schon allein die Sitzhöhe von 920 mm und die knochenharte Sitzbank sprachen dagegen. Ihre Erbauer wollten sie durchaus mit einer KTM LC 4 verglichen sehen und zumindest fahrwerkseitig hielt die Sächsin diesem Anspruch zunächst auch stand.

Im Laufe ihrer Bauzeit wurde die Baghira in verschiedenen Sondermodellen angeboten. Die »Forest« war komplett in Förstergrün und Mattschwarz getaucht, die »HR« mit den Federelementen der Mastiff und der tiefer gelegten Sitzbank sollte auch kleinere Personen auf die Maschine locken.

Die Baghira Street Moto war geschickt mit Fahrwerkselementen der Mastiff ausgestattet worden. (Foto: Boeneler CC BY-SA 3.0)

Die MZ Baghira Street Moto als Sondermodell »Black Panther«.

Street Moto und 660 Supermoto

Als eigenständiges Modell muss dagegen die »Baghira Street Moto« angesehen werden. MZ gelang ein geschickter Schachzug, indem Räder und Bremsen der Mastiff an die Baghira montiert wurden. Und fertig war eine schöne Supermoto-Maschine, deren Optik vor allem in dem tiefschwarzen und bereits erwähnten Sondermodell »Black Panther« voll zur Geltung kam. Die Baghira Street Moto drängte folgerichtig die Mastiff aus dem Rennen und nach 2004 endgültig aus den Angebotskatalogen.

Mit verbessertem Fahrwerk, aber immer noch dem gleichen Motor ersetzte das Modell 660 Supermoto bzw. Supermoto S die Baghira Street Moto. Letzteres Modell war auf gekürzten Federwegen und einer tieferen Sitzposition unterwegs.

Die MZ 660 Supermoto, von 2006 bis 2008 gebaut, setzte den Schlusspunkt hinter der Modellreihe mit dem Yamaha-Single.

Damals ein Nischenprodukt mit Charakter: Der MZ Charly war Vorreiter der heute zu hunderttausenden die Städte dieser Welt bevölkernden Elektroroller.

Der Elektroroller Charlie

Was wäre gewesen wenn… MZ noch existieren und Elektroroller bauen würde? Millionen Exemplare sind heute in den Städten auf der ganzen Welt unterwegs, aber einer der Vorreiter auf diesem Gebiet existiert nicht mehr. Die MZ-Entwicklungsabteilung unter Bernd Baumgartl hatte schon seit 1991 an einem alternativen Produkt zu den Motorrädern gefeilt und zu diesem Zweck den Elektroroller TWIP des italienischen Herstellers FAR eingekauft. Mit diesem Fahrzeug als Basis entwickelte MZ den eigenen Elektroroller »Charly«, der ab Herbst 1993 in Serie produziert wurde. Anfänglich konnte der Akku 20 Amperestunden speichern; für 1995 wurden mit einer neuen 24-Volt-Batterie 24 Amperestunden möglich. Ein halbes PS leistete der Elektromotor bei 2050 Umdrehungen. Damit betrug die Höchstgeschwindigkeit 18 km/h, die Reichweite wurde mit 30 Kilometern angegeben. 1995 kostete der Roller 2.400 D-Mark.

Ab 1997 als Charly 2 war der kleine Roller optisch überarbeitet und endlich mit einer auswechselbaren Batterie ausgestattet worden. 2004 wurde in Hohndorf der 25 000ste Elektroroller montiert und erst 2008, nach dem Ausstieg von Hong Leong, endete dessen Fertigung. Aber so ganz war die Rollerzeit bei MZ noch nicht vorbei…

Zusammengeklappt passte der Charly in den Kofferraum eines Mittelklassewagens.

Modell	Skorpion Sport	Skorpion Tour	Skorpion Traveller	Skorpion Replica	Skorpion Cup
Bauart	Motorrad	Motorrad	Tourer	Sportler	Sportler
Motor	Yamaha-Viertakt	Yamaha-Viertakt	Yamaha-Viertakt	Yamaha-Viertakt	Yamaha-Viertakt
Hubraum cm³	659	659	659	659	659
Leistung PS	48 (34)	48 (34)	48 (34)	50	48 (34)
bei Drehzahl 1/min	6250 (5750)	6250 (5750)	6250 (5750)	6500	6250 (5750)
Drehmoment Nm	57 (47)	57 (47)	57 (47)	58	57 (47)
bei Drehzahl 1/min	5250 (4500)	5250 (4500)	5250 (4500)	5500	5250 (4500)
Zylinderzahl	1	1	1	1	1
Bohrung/Hub mm	100/84	100/84	100/84	100/84	100/84
Verdichtung :1	9,2	9,2	9,2	9,2	9,2
Gassteuerung	ohc	ohc	ohc	ohc	ohc
Kühlung	Flüssigkeit	Flüssigkeit	Flüssigkeit	Flüssigkeit	Flüssigkeit
Vergaser	Teikei	Teikei	Teikei	Teikei	Teikei
Durchlass mm	26/35	26/35	26/35	26/35	26/35
Starter	Elektro	Elektro	Elektro	Elektro	Elektro
Zündung	elektronisch	elektronisch	elektronisch	elektronisch	elektronisch
Kraftübertragung					
Getriebe/Gangzahl	5	5	5	5	5
Hinterradantrieb	Kette	Kette	Kette	Kette	Kette
Fahrwerk					
Rahmen	Rohrbrücke m. angeschr. Heck	Rohrbrücke m. angeschr. Heck	Rohrbrücke m. angeschr. Heck	Rohrbrücke m. angeschr. Heck	Rohrbrücke m. angeschr. Heck
Federung vorn	Telegabel	Telegabel	Telegabel	Telegabel	Telegabel
Federung hinten	Schwinge mit Zentralfederbein	Schwinge mit Zentralfederbein	Schwinge mit Zentralfederbein	Schwinge mit Zentralfederbein	Schwinge mit Zentralfederbein
Federweg vorn mm	120	140	140	120	120
Federweg hinten mm	120	130	130	130	130
Bremse vorn	Scheibe 316 mm	Scheibe 316 mm	Scheibe 316 mm	Scheibe 316 mm	Scheibe 316 mm
Bremse hinten	Scheibe 240 mm	Scheibe 240 mm	Scheibe 240 mm	Scheibe 240 mm	Scheibe 240 mm
Reifen vorn	110/70 ZR 17	110/70 ZR 17	110/70 ZR 17	120/60 ZR 17	110/70 17
Reifen hinten	150/70 ZR 17	140/70 ZR 17	140/70 ZR 17	160/60 ZR 17	150/70 17
Maße und Gewichte					
Tankinhalt Liter	18	18	18	18	19
Radstand mm	1420	1420	1420	1420	1420
Sitzhöhe mm	770	785	785	770	k. A.
Leergewicht kg	159	157	187	172	159
Zul. Gesamtgewicht kg	380	400	400	280	k. A.
Höchstgeschwindigkeit km/h	170	160	160	175	170
Verbrauch l/100 km	6,3	4,8-6	4,8-6	5-6,2	k. A.
Baujahre	1994-99	1994-2002	1994-2002	1995-99	1996-2002
Stückzahl	6500 (alle Skorpion-Modelle)				
Preis DM	10.736	9.836	10.736	14.900	11.126

Modell	Mastiff	Baghira	Baghira Street Moto	660 Supermoto
Bauart	Funbike	Enduro	Supermoto	Supermoto
Motor	Yamaha-Viertakt	Yamaha-Viertakt	Yamaha-Viertakt	Yamaha-Viertakt
Hubraum cm³	659	659	659	659
Leistung PS	50 (34)	50 (34)	50 (34)	50
bei Drehzahl 1/min	6500 (5750)	6500 (5750)	6500 (5750)	6500
Drehmoment Nm	57 (46)	57 (46)	57 (46)	57
bei Drehzahl 1/min	5250 (4500)	5250 (4500)	5250 (4500)	5250
Zylinderzahl	1	1	1	1
Bohrung/Hub mm	100/84	100/84	100/84	100/84
Verdichtung :1	9,2	9,2	9,2	9,2
Gassteuerung	ohc	ohc	ohc	ohc
Kühlung	Flüssigkeit	Flüssigkeit	Flüssigkeit	Flüssigkeit
Vergaser	Teikei	Teikei	Teikei	Teikei
Durchlass mm	26/35	26/35	26/35	26/35
Starter	Elektro	Elektro	Elektro	Elektro
Zündung	elektronisch	elektronisch	elektronisch	elektronisch
Kraftübertragung				
Getriebe/Gangzahl	5	5	5	5
Hinterradantrieb	Kette	Kette	Kette	Kette
Fahrwerk				
Rahmen	Rohrrahmen m. angeschr. Heck	Rohrrahmen m. angeschr. Heck	Rohrrahmen m. angeschr. Heck	Rohrrahmen m. angeschr. Heck
Federung vorn	Telegabel	Telegabel	Telegabel	Telegabel
Federung hinten	Schwinge mit Zentralfederbein	Schwinge mit Zentralfederbein	Schwinge mit Zentralfederbein	Schwinge mit Zentralfederbein
Federweg vorn mm	190	280	280	280
Federweg hinten mm	190	280	280	280
Bremse vorn	Scheibe 298 mm	Scheibe 298 mm	Scheibe 300 mm	Scheibe 300 mm
Bremse hinten	Scheibe 245 mm	Scheibe 245 mm	Scheibe 245 mm	Scheibe 245 mm
Reifen vorn	120/60 ZR 17	90/90-21	120/70 R 17	120/70 R 17
Reifen hinten	150/60 ZR 17	120/80-18	160/60 R 17	160/60 R 17
Maße und Gewichte				
Tankinhalt Liter	12,5	13,5	13,5	13,5
Radstand mm	1465	1530	1530	1530
Sitzhöhe mm	850	920	900	900 oder 850
Leergewicht kg	177	174	172	180
Zul. Gesamtgewicht kg	350	350	360	360
Höchstgeschwindigkeit km/h	160 (140)	157 (140)	160 (140)	160
Verbrauch l/100 km	6,1	5,9	5,3	k. A.
Baujahre	1997-2004	1997-2004	1999-2006	2006-2008
Preis DM	12.250	10.750	11.990	6.980 Euro

Erlebte viel Aufmerksamkeit, fand aber wenig Käufer: Die MZ 1000 S war ein weiterer Nagel für den MZ-Sarg.

Zu guter Letzt: RT 125 und MZ 1000

Zu guter Letzt: RT 125 und MZ 1000

Der 125er Motor war bei MZ selbst entwickelt worden und eines der modernsten Triebwerke dieser Klasse.

Schon auf der Intermot 1998 stellte MuZ eine neue 125er mit eigenem Viertaktmotor vor, die – entsprechend alter Tradition – wieder RT 125 genannt wurde. Das erste Motorrad, das 1934 in Zschopau mit den Buchstaben RT für »Reichs-Typ« benannt wurde, war die DKW RT 100. Weltberühmt wurde fünf Jahre später die legendäre RT 125, die es dann ja auch geschafft hat, bis ins MZ-Zeitalter hinein zu überleben.

Eine neue RT 125

Als die neue RT dann im Jahr 2000 serienfertig war, klang der große Boom der 125er-Motorräder schon fast wieder ab. Dennoch konnte sich MZ, wie die Marke seit 2000 wieder ohne Zwischenbuchstabe

Vielleicht das beste Motorrad in dieser Hubraumklasse zu seiner Zeit: Die MZ RT 125. Der Erfolg der kleinen Maschinen zeigte, was möglich gewesen wäre, hätte man das Geld nicht in sinnlosen Projekten verschleudert.

heißen durfte, mit der neuen RT 125 Marktanteile in lange nicht mehr gekannten Größenordnungen sichern. Dazu trugen auch die durchweg guten Kritiken bei, die der Maschine sehr gute Fahreigenschaften, ein gutes Handling und vor allem einen der besten Motoren dieser Klasse bescheinigten. Der selbst entwickelte Viertakter, der erste in der Geschichte des Unternehmens, der überhaupt in eine Serienproduktion ging, schaffte immerhin 15 PS und war damit nicht nur der stärkste, sondern mit Flüssigkeitskühlung, zwei oben liegenden Nockenwellen, vier Ventilen und Sechsgang-Getriebe auch der modernste Motor in diesem Segment. 115 km/h Spitzengeschwindigkeit waren möglich, eine Drosselung auf 80 km/h selbstverständlich auch.

RT-Sondermodelle

Von der RT 125 gab es inzwischen einige Sondermodelle. So wartete diese Maschine in der Variante »Classic« mit Drahtspeichenrädern anstelle der dreispeichigen Gussräder und einigem Chromzierrat auf. Die »Striker« in Orange und Schwarz hatte einen geraden schwarzen Lenker, schwarz abgesetzte Felgen und Gabelholme, sowie einen anthrazitfarbenen Triebwerksblock.

Die RT 125 SX

Noch im gleichen Jahr brachte MZ auf der Basis der RT eine wunderschöne Enduro heraus. Die RT 125 SX erhielt gegenüber der normalen Version deutlich längere Federwege und ein tolles Design.

Das Sondermodell RT 125 Classic mit Drahtspeichenfelgen und viel Chrom.

Der Streetfighter unter den 125er RT-Modellen: Die leuchtende »Striker«, ein wenig Bobber, ein wenig Supermoto.

Rahmen und Motor blieben unverändert. Die Maschine war für Gelände und Straße gleichermaßen gut geeignet; eine Wettbewerbsenduro war sie freilich nicht. Der Testsieger diverser Fachzeitschriften hatte es aber auf einem sich mehr und mehr ausdünnenden 125er-Markt schwer, sich durchzusetzen, nicht zuletzt wegen des in den alten Bundesländern immer noch schwachen Händlernetzes. Im Osten sind die 125er von MZ hingegen unumstrittener Marktführer.

Für den echten Geländesport vielleicht etwas zu schwer, fürs Abstellen vor dem Eiscafé ideal: Die rundum gelungene MZ RT 125 SX.

NATO und SIXDAY´S 87

International etwas bekannter wurde die MZ 125 SX, nachdem das französische Heer im Jahre 2004 um die 500 Exemplare in Sonderausführung mit Gepäckträger, Verdunkelungsmaske, Motorschutz, Handprotektoren und schwarzer Lackierung geordert hatte. RT 125 NATO war die interne Bezeichnung für dieses Modell, das Zivilisten

Eine echte Wettbewerbsmaschine war die RT 125 SX nicht, gegen einen Geländeausritt war aber nichts einzuwenden.

allerdings nicht erwerben konnten. Für 3.990 Euro war dagegen das Sondermodell SIXDAY´S 87 zu haben. Auch hier waren Handprotektoren und der Motorschutz aus Stahl serienmäßig. Dazu kamen ein grüner Rahmen, ein schwarzer Motordeckel und aluminiumfarbene Felgen.

RT 125 SM

Äußerst geschickt und mit minimalem Aufwand konnte MZ, zeitgleich mit dem Enduro-Modell, der aufkommenden Super-Moto-Mode mit einem 125er-Modell Rechnung tragen. Dazu mussten nur die Räder der Enduro gegen diejenigen der normalen RT 125 ge-

Laut Prospekt auf 87 Exemplare limitiert: Die RT 125 SX SIXDAYS 87.

Der letzte Versuch: MZ 125 SX Copper nannte sich 2008 dieses Sondermodell der kleinen Enduro.

Die Schwester der SX im Supermoto-Look: Die MZ RT 125 SM erblickte im Jahr 2000 das Licht der Welt.

Ein Straßenräuber par exellence: Auf engen, kurvigen Straßen fühlte sich die kleine 125er Supermoto zu Hause.

Von der RT 125 SM gab es bis zum Produktionsende eine ganze Reihe von Sondermodellen wie zum Beispiel die Version »Twin Colour«…

tauscht werden – fertig war die RT 125 SM, die besonders in der schwarzen Lackierung »echt cool« daherkam. Zahlreiche Sondermodelle sorgten dafür, dass die SM zur beliebtesten 125er MZ der Neuzeit wurde, wie z. B. die SM MIG in Fliegergrau mit rotem Stern, die SM Twin Colour in Rot-Schwarz und Orange-Schwarz oder die SM Cup Replica mit Renn-Federbein von Wilbers und konifiziertem Lenker. Apropos SM Cup: Seit 2002 gab es den SM Youngster Cup, der im Rahmen der internationalen deutschen Super-Moto-Meisterschaft ausgetragen wurde. Mit seriennahen RT 125 SM-Maschinen (lediglich Spezialreifen von Heidenau wurden aufgezogen) war es jugendlichen Nachwuchsfahrern möglich, sich an das Feld der Großen heranzutasten.

Alles in allem muss man MZ aber vorwerfen, aus einem der besten Viertaktmotoren in der 125er-Klasse nicht genug gemacht zu haben. Hier war zweifellos Potenzial verschenkt worden.

…oder die MZ RT 125 SM Cup Replica, als Assoziation auf den MZ Youngster Cup der deutschen Supermoto Meisterschaft.

Die neue MZ 1000 S

Im Sommer 2000 konnte man in allen einschlägigen Fachzeitschriften Artikel über die neue MZ 1000 S lesen; sogar erste Probefahrten wurden dokumentiert. Der straff designte Sporttourer mit dem leicht nach vorn geneigten, 117 PS starken Zweizylinder-DOHC-Motor im Brückenrahmen aus Stahl, erntete damals Beifall allerorten, wenngleich man sich fragte, warum sich MZ ausgerechnet eines der am heißesten umkämpften Segmente auf dem Motorradmarkt ausgesucht hatte. Aber der supermodernen Maschine wurden durchaus gute Chancen eingeräumt. 2002 sollte das mit einer Telegabel und der Zweiarmschwinge mit Zentralfederbein ausgerüstete Motorrad auf den Markt kommen. Tatsächlich dauerte es dann noch einmal zwei Jahre und 2004 war die große MZ zwar immer noch ein echter Blickfang, aber doch nicht mehr so ganz taufrisch. Dennoch bescheinigten ihr alle Tester ein ausgezeichnetes Fahrwerk und ein gutes Handling. Eine hervorragende Verarbeitung und MZ-übliche, pfiffige Detaillösungen waren weitere Pluspunkte. Diesen standen allerdings ein nicht sonderlich kultivierter, vor allem im unteren Drehzahlbereich recht ruppiger Motor und ein sich am obersten Limit orientierender Preis von 12.500 Euro gegenüber. Sicherlich waren auch diese letztgenannten Faktoren mit dafür verantwortlich, dass die MZ 1000 S viel zu wenig Käufer fand. Mit rund 200 in einer Saison verkauften Maschinen lag man weit unter der Rentabilitätsgrenze. Nachdem der Motor deutlich runder lief und der Preis für 2005 auf 10 790 Euro gesenkt worden war, stieg die schöne Sächsin in der Gunst der Interessenten.

Die MZ 1000 SF

Sie konnten inzwischen alternativ auf das zweite Modell der neuen 1000er Reihe, die MZ 1000 SF, zurückgreifen. SF stand für Super-Fighter und eine bis auf die knappe Lenkerverkleidung entblätterte

Das hubraumstärkste Motorrad aller Zeiten aus Zschopau: MZ 1000 S, erstmals gezeigt auf der Intermot in München im September 2000.

Die MZ 1000 S war in jedem Detail ein Hingucker und erntete viel Lob für Handling und Verarbeitung. Dennoch war es für MZ ein Schritt in die falsche Richtung.

1000 S. Von dieser unterschied sich die neue »Nackte« außerdem noch in der Soziusabdeckung, den poppigen Farben und weit ausladenden Spiegeln. Das Motormanagement wurde dahingehend geändert, dass die Ingenieure zu Gunsten eines höheren Drehmoments auf ein wenig Leistung verzichteten – wie es sich für einen echten Streetfighter eben gehörte. Und in dieser Liga spielte die neue MZ, die wieder einmal einen Design-Award für die Sachsen gewann, sofort ganz vorne mit und machte mit ihrem Preis von 9.490 Euro denjenigen die Entscheidung schwer, die vielleicht an eine Kawasaki Z 1000 oder Ducati Monster gedacht hatten.

Hätte das Zeug zum Ducati-Jäger gehabt: Die unverkleidete MZ 1000 SF, der Streetfighter unter den neuen MZ-Maschinen.

Wieder gab es Preise für die neue 1000er von MZ, für das Modell SF den IF-Design Award im Jahre 2005. Aber für Preise konnte man sich nichts kaufen... (Foto: jochenjena)

Die MZ 1000 ST

Im Sommer 2005 kam mit der MZ 1000 ST das dritte Modell der neuen Baureihe auf den Markt. ST stand hier für »Super-Traveller«, was die Maschine als reisetauglicher und bequemer gegenüber der 1000 S ausweisen sollte. Chassis und Verkleidung blieben dabei nahezu unverändert, aber der Lenker geriet höher und breiter und die Fußrasten wurden etwas tiefer und weiter nach vorn platziert. Die Scheibe wuchs um 30 mm nach oben und erhielt eine Spoilerkante. Für die Bequemlichkeit des Sozius sorgte eine aufgepolsterte Sitzbank. Wie bei der 1000 SF wurde auch für die ST die Spitzenleistung des Triebwerks zu Gunsten des Drehmoments verringert. Mit nur 10.290 Euro war die MZ 1000 ST im Jahre 2005 / 06 eine Kampfansage an die Konkurrenz konnte aber nicht wirklich zur wirtschaftlichen Belebung eines der letzten deutschen Motorradherstellers beitragen.

MZ 1000 S und 1000 SF in trauter Zweisamkeit. Rund 1100 Maschinen wurden von den beiden Modellen zwischen 2004 und 2008 gebaut. Viel zu wenig zum Überleben. (Foto: MZ-Nico)

Von der 1000 ST entstanden gar nur 50 Exemplare. MZ hatte sich in die völlig falsche Richtung verrannt. (Foto: Ghm77)

Obwohl sie alles mitbrachte, was ein richtiger Sporttourer brauchte, blieb die MZ 1000 ST eine Randerscheinung im deutschen Motorradbau.

Korous muss gehen

War Petr-Karel Korous ein Abenteurer, ein Glücksritter? Auf jeden Fall war er ein Mann, der sich sehr gerne mit spektakulären Botschaften in der Presse abgelichtet sah. Botschaften, die MZ nicht wirklich weiter halfen. Das begann mit der Skorpion und ihren Design-Preisen, für die sich die Zschpauer nichts kaufen konnten und es endete mit der MZ 1000 S – viel gelobt, aber wenig verkauft. Dazu kamen Motorsportaktivitäten mit der MotoGP als Krönung, die Hunderttausende D-Mark und Euro verschlangen, aber keinen Beitrag zum Vertrieb von Serienmotorrädern leisteten. Hätte eine andere Führung mit einer anderen Modellpolitik mehr aus MZ machen können? KTM in Österreich hat vorgemacht, wie man in der Nische sehr gut überleben und sich langsam in die Weltspitze vorarbeiten kann. MotoGP-Einsätze standen da aber nicht am Anfang, sondern am Ende der Wegstrecke.

Im Mai 2004 war es genug, Korous hatte neben jeglicher Bodenhaftung auch den Rückhalt von Hong Leong verloren und verließ die Traditionsmarke aus dem Erzgebirge.

Petr-Karel Korous waren schlagzeilenträchtige Manöver oft lieber, als das ihm anvertraute sächsische Motorradwerk auf eine solide – wenn auch nicht so spektakuläre – Basis zu stellen.

Das vorläufige Ende

Danach wurstelte MZ mit wechselnden malaiischen Geschäftsführern noch bis 2008 weiter. 90 Mitarbeiter wurden 2005 entlassen, der Rest, 85 Leute, sollte helfen die 125er Produktion nach Asien zu verlagern. Wichtige langjährige Mitarbeiter wie der Entwicklungschef Christoph Baumgärtner und der Vertriebsleiter Carl Schmidt gingen von sich aus. Als dann im Dezember 2006 auch noch die Entwicklungsabteilung geschlossen wurde, war klar, wohin der Hase läuft. Die Malaien wollten MZ einfach nur noch loswerden. Die Suche nach einem neuen Investor – unter anderem in China – blieb erfolglos, zum 31. Dezember 2008 stellte MZ mit noch 40 verbliebenen Mitarbeitern den Geschäftsbetrieb ein.

Wimmer und Waldmann

Im April 2009 übernahmen die beiden ehemaligen Rennfahrer Martin Wimmer und Ralf Waldmann MZ und schlugen das vorerst letzte Kapitel der großen Marke mit der nunmehrigen Bezeichnung »Motorenwerke Zschopau GmbH« auf. Und wieder gab es große Pläne, Enduros und 125er sollten gebaut werden. Tatsächlich schraubten bald wieder 50 Mitarbeiter Elektrofahrräder, Charly-Roller und in Teilen aus China angelieferte 50-cm³-Roller zusammen. Aber kein einziges Motorrad entstand. Auch nicht wirklich, als man 2010 in die Moto-2-Klasse der Motorrad-Weltmeisterschaft einstieg (siehe nächstes Kapitel).

Im Rahmen der Vorstellung der neuen MZ-Eigner dreht Ralf Waldmann 2009 in Schleiz einige Runden auf der für ihn aufgebauten 250er Rennmaschine. (Foto: Motorrennsportarchiv Jordan)

2011 verließ Ralf Waldmann die Zschopauer Bühne wieder und der Ludwigshafener Bankier Peter Ertl stieg zum Hauptgesellschafter auf. Im Verlaufe des Jahres 2012 erhielt MZ keine Elektromotoren mehr und musste die Produktion der Fahrräder und des Charly-Rollers vorerst einstellen. Die folgenden Turbulenzen mit Kurzarbeit und Entlassungen führten schließlich am 7. September 2012 zum Insolvenzantrag.

Elektrofahrräder und noch einige Exemplare des Elektrorollers Charly – das war die Zweiradproduktion der einst großen Marke MZ zwischen 2009 und 2012.

Im Herbst 2012 zog der ewige Winter über das MZ-Motorradwerk in Hohndorf.

MZ
Motorrad- und Zweiradwerk GmbH

Modell	RT 125	RT 125 SX	RT 125 SM
Bauart	Motorrad	Enduro	Supermoto
Motor	MZ-Viertakt	MZ-Viertakt	MZ-Viertakt
Hubraum cm³	124	124	124
Leistung PS	15	15	15
bei Drehzahl 1/min	9000	9000	9000
Drehmoment Nm	11,7	11,7	11,7
bei Drehzahl 1/min	8500	8500	8500
Zylinderzahl	1	1	1
Bohrung/Hub mm	60/44	60/44	60/44
Verdichtung :1	11,2	11,2	11,2
Gassteuerung	dohc/4	dohc/4	dohc/4
Kühlung	Flüssigkeit	Flüssigkeit	Flüssigkeit
Vergaser	Mikuni	Mikuni	Mikuni
Durchlass mm	24	24	24
Starter	Elektro	Elektro	Elektro
Zündung	elektronisch	elektronisch	elektronisch
Kraftübertragung			
Getriebe/Gangzahl	6	6	6
Hinterradantrieb	Kette	Kette	Kette
Fahrwerk			
Rahmen	Stahlrohr	Stahlrohr	Stahlrohr
Federung vorn	Telegabel	Telegabel	Telegabel
Federung hinten	Schwinge mit Zentralfederbein	Schwinge mit Zentralfederbein	Schwinge mit Zentralfederbein
Federweg vorn mm	130	220	220
Federweg hinten mm	130	220	220
Bremse vorn	Scheibe 280 mm	Scheibe 280 mm	Scheibe 280 mm
Bremse hinten	Scheibe 220 mm	Scheibe 220 mm	Scheibe 220 mm
Reifen vorn	110/70-17	90/90-21	110/70-17
Reifen hinten	130/70-17	120/80-18	130/70-17
Maße und Gewichte			
Tankinhalt Liter	13,5	13,5	13,5
Radstand mm	1355	1440	1440
Sitzhöhe mm	770	830	830
Leergewicht kg	133	130	130
Zul. Gesamtgewicht kg	320	320	320
Höchstgeschwindigkeit km/h	115	110	110
Baujahre	2000-2008	2000-2008	2000-2008
Stückzahl	15 000 (alle RT 125)		
Preis DM	6.690	6.990	6.990

Modell	1000 S	1000 SF	1000 ST
Bauart	Sporttourer	Naked Bike	Tourer
Motor	MZ-Viertakt	MZ-Viertakt	MZ-Viertakt
Hubraum ccm	999	999	999
Leistung PS	117	113	113
bei Drehzahl 1/min	9000	9000	9000
Drehmoment Nm	95	98	98
bei Drehzahl 1/min	7000	7000	7000
Zylinderzahl	2	2	2
Bohrung/Hub mm	96/69	96/69	96/69
Verdichtung :1	11,5	11,5	11,5
Gassteuerung	dohc/4	dohc/4	dohc/4
Kühlung	Flüssigkeit	Flüssigkeit	Flüssigkeit
Einspritzung	elektronisch	elektronisch	elektronisch
Durchlass mm	51	51	51
Starter	Elektro	Elektro	Elektro
Zündung	elektronisch	elektronisch	elektronisch
Kraftübertragung			
Getriebe/Gangzahl	6	6	6
Hinterradantrieb	Kette	Kette	Kette
Fahrwerk			
Rahmen	Stahlbrückenrahmen	Stahlbrückenrahmen	Stahlbrückenrahmen
Federung vorn	Telegabel	Telegabel	Telegabel
Federung hinten	Zweiarmschwinge mit Zentralfederbein	Zweiarmschwinge mit Zentralfederbein	Zweiarmschwinge mit Zentralfederbein
Federweg vorn mm	120	120	120
Federweg hinten mm	120	120	120
Bremse vorn	Doppelscheibe 320 mm	Doppelscheibe 320 mm	Doppelscheibe 320 mm
Bremse hinten	Scheibe 243 mm	Scheibe 243 mm	Scheibe 243 mm
Reifen vorn	120/70 ZR 17	120/70 ZR 17	120/70 ZR 17
Reifen hinten	180/70 ZR 17	180/70 ZR 17	180/70 ZR 17
Maße und Gewichte			
Tankinhalt Liter	20	20	20
Radstand mm	1445	1445	1445
Sitzhöhe mm	810	820	810
Leergewicht kg	234	224	245
Zul. Gesamtgewicht kg	426	426	426
Höchstgeschwindigkeit km/h	240	217	235
Verbrauch l/100 km	6,2	6,3	6,2
Baujahre	2004-2008	2005-2008	2005-2008
Stückzahl	510	616	50
Preis EUR	12.500	9.490	10.290

René Knöfler beim Endurance-WM-Lauf 2004 in Oschersleben auf der MZ 1000 S. (Foto: Rennsportarchiv Jordan)

MZ im Straßen-rennsport II

MZ im Straßen-rennsport II

Spätestens mit Erscheinen der MuZ Skorpion, dem ersten komplett neu entwickelten Modell nach 1990, war klar, dass die Sachsen wieder auf die Rennstrecke mussten. Einerseits, um mit Erfolgen die Verkaufszahlen anzukurbeln (was schon zu dieser Zeit nicht mehr funktionierte), anderseits um die sächsische Motorradschmiede und vor allem ihren Macher in die Schlagzeilen zu bringen. Am Ende dieses Weges verlor Petr-Pavel Korous völlig die Bodenhaftung auf dem Rennasphalt und damit seinen Job. Aber der Reihe nach!

SoS = Sound of Singles

Im Rahmen der Deutschen Meisterschaft wurde von 1989 bis 1997 die Rennserie »Sound of Singles« ausgetragen, in der sich Einzylinder-Maschinen – meistens Eigenkonstruktionen – ohne große Reglementierung tummelten. Eine Europacup-Serie kam in den Jahren danach hinzu. Als der Brite Mike Edwards im Oktober 1993 in Donington Park, England, mit einer Vorserien-Skorpion auf den siebten Platz fuhr, war das schon eine kleine Sensation. Der Yamaha-Motor war damals auf 75 PS gebracht worden.

Mit einem Fahrwerk des englischen Spezialisten Tigcraft, einem weiter optimierten Yamaha-Motor und dem bekannten SoS-Fahrer Hansi Meyer ging es in die 94er Saison, die zwei zweite Plätze in Brünn und Frohburg brachte, insgesamt aber enttäuschend verlief.

Die durchaus erfolgreiche MuZ Skorpion des Tigcraft-Teams von 1994. Mike Edwards fuhr die Maschine zur britischen SoS-Vizemeisterschaft.

Die SoS-Skorpion von 1995 konnte mit den besten Maschinen des Cups nicht mehr mithalten.

Immerhin konnte das Tigcraft-Team von Dave Pierce mit dem Fahrer Mike Edwards im British Supercup 94 Vizemeister werden. Das war es dann aber auch erst einmal, 1995 gab es keinen Blumentopf mehr zu gewinnen.

Die abgenommene Verkleidung zeigt die zusätzlichen Rahmenverstärkungen und den Yamaha-Einzylinder, der, ursprünglich für eine kleine Straßenenduro konzipiert, in der Rennversion um die 75 PS leisten konnte.

Supermono

Aus dem SoS wurde 1996 der Europäische Supermono-Cup, der im Rahmen der Superbike-WM ausgetragen wurde. Da durfte fast alles mitfahren, was maximal 800 cm^3 Hubraum und mindestens 95 kg Gewicht aufwies. Um das Team von MZ-Urgestein Christian Steiner entstand in England eine neue Rennmaschine auf Skorpion-Basis, mit der Elli Bindrum, Mike Edwards und Rigo Richter Siege einfahren sollten und einfuhren. Der überarbeitete Motor leistete 77 PS, was zwar für fünf Siege, aber nicht den Titel reichte. Rennamazone Bindrum wurde in der Endabrechnung Dritte. 1997 reichte es dann immerhin schon zur Vizemeisterschaft durch André Friedrich.

1998 war MuZ dann nicht mehr selbst mit einer Mannschaft im Supermono Cup vertreten, da man in die 500er Grand-Prix-Klasse einstieg. Bei der englischen Firma Slipstream wurden weiterhin Rennskorpione eingesetzt und auf einem aktuellen Stand gehalten. Tatsächlich konnte dann Spencer Cook auf einer solchen Slipstream-MuZ im Jahr 2000 doch noch den Titel im Supermono Cup gewinnen.

Skorpion Cup

1997 startete in Deutschland der »MuZ Skorpion Cup«. Mit Genehmigung des Deutschen Motorsportbundes durften seriennahe Skorpion-Sport-Modelle im Rahmen der Internationalen Deutschen Motorradmeisterschaft antreten. Die Maschinen waren mit dem Verkleidungsunterteil des Replica-Modells und einem abgedeckten Soziussitz sowie schwarz eloxierter Schwinge und Felgen unterwegs. Der Motor durfte nicht verändert werden, mehr als 51 PS waren nicht zulässig. Zusätzlich zu den reinen Renn-Cup-Ausführungen kamen auch handelsübliche Skorpion Cup, mit den entsprechenden Änderungen zum Einsatz. Natürlich bestand die Möglichkeit bei MuZ ein Komplettpaket, bestehend aus Motorrad, Nenngelder, Bekleidung und notwendige Ersatzteile zu erwerben. Rund 40 Fahrer waren 1998 und 1999 auch auf europäischen Grand-Prix-Strecken am Start – am Sachsenring kannte die Begeisterung keine Grenzen, zumal in diesen Jahren MZ-Maschinen auch in der Königsklasse des Grand-Prix am Start waren. Im Jahr 2000 endete zwar die Fertigung der Skorpion Cup – die günstige Rennserie blieb aber als MZ-Cup noch einige Jahre erhalten. Offiziell zog sich MZ dann 2006 aus dem Cup zurück. Die erfolgreichsten Fahrer im deutschen Cup waren bis dahin Klaus Schönfeld (vier Gesamtsiege) und Carsten Freudenberg (drei Gesamtsiege).

Doppelsieg von André Friedrich (Bild) und Elli Bindrum 1997 auf dem A1-Ring in Österreich. Friedrich wurde am Ende Vizemeister. (Foto: Christian Steiner)

Ralf Ehrensperger aus Rednitzhembach unterwegs im Skorpion Cup des Jahres 2000 auf dem Schleizer Dreieck. (Foto: Rennsportarchiv Jordan)

Im Jahr darauf: Daniel Delling aus Chemnitz ist im Rahmen des MZ-Cups mit der Skorpion auf dem Sachsenring unterwegs. (Foto: Rennsportarchiv Jordan)

An gleicher Stelle zur gleichen Zeit im selben Rennen: Uwe Wächtler aus Hohenstein-Ernstthal. (Foto: Rennsportarchiv Jordan)

In der Königsklasse

Mit dem Einstieg des malaiischen Konzerns Hong Leong im Spätsommer 1996 hatte MuZ mit Petr-Karel Korous an der Spitze in doppelter Hinsicht profitiert: Die Malaien brachten neben viel Geld auch große Begeisterung für den Motorradsport mit. Ideale Voraussetzungen für Korous, das Projekt Königsklasse im Motorrad-Grand-Prix anzugehen. Was Korous wusste und seine fernöstlichen Brötchengeber nicht mal erahnten: Wieviel Manpower und vor allem Geld tatsächlich in ein Team gesteckt werden muss, das ein Jahr lang in der höchsten WM-Klasse mitfahren will. Und: was es einem Motorradhersteller brachte, am Sonntag mit Prototypen auf der Rennstrecke zu fahren, die technisch nicht den Hauch von MZ an sich haben, und am Montag nicht mehr ganz taufrische Motorräder zu verkaufen, die von nicht mehr ganz taufrischen Yamaha-Einzylindern angetrieben wurden.

Wie auch immer, mit einem eigenen Team startete MuZ in die Grand-Prix-Saison 1998. Dafür war das elf-500-Team des Schweizer Unternehmers Métraux kurzerhand gekauft worden – Mitarbeiter und Motorräder inklusive. Die Maschine wurde von einem in der Schweiz entwickelten V-4-Zweitaktmotor mit rund 200 PS angetrieben, der in einem französischen ROC-Fahrwerk saß. Grün-weißer Aufkleber drauf – fertig war die MuZ-Grand-Prix-Rennmaschine. Als einzigen Fahrer hatte man den Italiener Doriano Romboni engagiert, der von Aprilia gekommen war. Aber der verletzte sich schon beim Training zum zweiten Rennen – ausgerechnet in Malaysia – so schwer, dass die Saison für ihn gelaufen war. Der Schweizer Testfahrer Eskil Suter musste übernehmen und wurde bei seinem 13. Platz auf dem Sachsenring von 100 000 Fans umjubelt. Der Versuch, am Ende der Saison noch den dreifachen Weltmeister Luca Cadalora einzusetzen, geriet zum teuren Flop. Dennoch wurde Cadalora neben Jürgen van den Goorbergh für die Saison 1999 verpflichtet. Da man den alten Teamchef Rosset durch Seitenwagen-Weltmeister Rolf Biland ersetzt hatte, stand das ROC-Fahrwerk nicht mehr zur Verfügung. Nach Entwürfen des Zschopauer Ingenieurs Johannes Kehrer wurde schließlich in England ein neuer Rahmen gebaut. Als Hauptsponsor fungierte die Firma Weber-Motors und Albert Weber ließ sich das mit seinem Namen honorieren: Als »MuZ-Weber« ging man mit einem neuen, zusammen von Weber-Motors und MuZ entwickelten Zweizylinder-Zweitaktmotor in die 99er Saison. Zwei achte Plätze und durchaus beachtliche 64 WM-Punkte standen am Ende der Saison zu Buche. Aber auch ein handfester Streit zwischen Korous und Albert Weber, der schließlich zum Bruch und damit zum Ende des Engagements von MuZ in der 500er Grand-Prix-Klasse führte.

Der 13. Platz des Schweizers Eskil Suter beim Sachsenring-Grand-Prix 1998 war durchaus ein Achtungserfolg. (Foto: Rennsportarchiv Jordan)

Während Luca Cadalora 1999 auf dem Sachsenring nach einem Sturz ausschied…

…pilotierte der Niederländer Jürgen van den Goorbergh seine Maschine am Ende auf einen beachtlichen zwölften Platz. (Fotos: Rennsportarchiv Jordan)

Moto GP?

Die beiden Grand-Prix-Jahre hatten MuZ Millionen gekostet und kaum einer der zehntausenden, die den Zschopauern am Sachsenring zujubelten, kaufte sich je ein MZ-Motorrad.

Aber das focht MZ-Boss Korous nicht an – im Gegenteil. Als aus der 500er Grand-Prix-Klasse ab 2002 die Moto GP mit 1000-cm^3-Viertaktmotorädern wurde, wollte der Tscheche dort partout auch mitmischen. Und tatsächlich stellte MZ im Februar 2002 auf der Leipziger Motorradmesse sein Moto-GP-Team vor. Das freilich nie zum Einsatz kam. José Louis Cardoso und Ralf Waldmann sollten eine Rennmaschine fahren, die es am Ende nie gab. In einem eigenen Stahlrohrgitter-Rahmen sollte ein von der Firma Oral Engineering in Modena entwickelter V4-Motor mit 990 cm^3 zum Einsatz kommen. Ein Versuchsmotor gelangte auf den Prüfstand aber nie an ein Motorrad. Hong Leong machte den ausufernden Kosten ein Ende mit Schrecken und läutete damit auch das Ende von Petr-Karel Korous bei MZ ein.

24 Stunden von Oschersleben

Der Verkauf der MZ 1000 S lief nicht so gut wie geplant und so sollte die Teilnahme der Maschine an der »FIM Endurance World Championchip 2004«, der Langstrecken-Weltmeisterschaft für seriennahe Motorräder in Oschersleben, teilnehmen, um mit einem guten Ergebnis für die Maschine zu werben.

Zwei 1000 S wurden mit wenig Änderungen für die Rennen hergerichtet und vom Bike-Promotion-Team aus Gera eingesetzt. Gegen

Oschersleben 2004: René Knöfler und der langjährige MZ-Konstrukteur Johannes Kehrer. (Foto: Rennsportarchiv Jordan)

Rigo Richter, gezeichnet im Gesicht und auf dem Rennanzug. Aber am Ende hat es sich gelohnt, ein fünfter Platz in der Open Class Wertung 2004 war aller Achtung wert. (Foto: Rennsportarchiv Jordan)

die großen Werkteams mit ihren 200-PS-Boliden rechnete man sich kaum Chancen aus, wusste aber um die Zuverlässigkeit und Standfestigkeit des Zweizylinder-Motors bei harten Dauertestphasen. Schließlich schafften die drei Fahrer Rigo Richter, René Knöfler und Max Müller die Qualifikation und trotz Zeitverlust wegen einer Reparatur nach einem Sturz schaffte man den 17. Gesamtrang und den fünften Platz der »Open Class« Man durfte das gegen große japanische Konkurrenz durchaus als Erfolg werten.

Ein Jahr später zogen die Zschopauer mit gleich fünf mehr oder weniger renntauglich gemachten 1000 S, von drei Teams eingesetzt, zur Speedweek nach Oschersleben. Top-Team waren wieder OBI-Bike-Promotion mit den Fahrern René Knöfler, Rigo Richter und Rico Penzkofer. Diesmal schaffte man es auf den Gesamtrang 11 und belegte in der Open Class einen hervorragenden dritten Platz.

Die Boxengasse ist frei: Rigo Richter geht 2005 in Oschersleben wieder auf die Rennstrecke. (Foto: Rennsportarchiv Jordan)

Mit zwei dieses Mal etwas mehr von der Serie abweichenden MZ 1000 S war das OBI-Bike-Promotion-Team aus Jena, bei der Endurance-WM in Oschersleben 2005 am Start. (Foto: Rennsportarchiv Jordan)

Aber was nützte das alles – die Verkaufszahlen für die 1000er MZ-Baureihe blieben weiter im Sinkflug.

Moto 2

Für Martin Wimmer und Ralf Waldmann stand der Wiedereinstieg in die Motorrad-WM schon bei der Übernahme von MZ 2009 fest. Aber die beiden versprachen auch ganz schnell wieder neue, konkurrenzfähige Motorräder zu bauen. In die neu geschaffene Moto 2 innerhalb der Moto GP stieg man dann schon 2010 ein, Serienmotorräder bauten Waldi und Wimmi nie. So fuhr also eine Marke auf den internationalen Rundstrecken, die zuhause Fahrräder mit Elektromotor in Lohnfertigung und ein paar Minielektroroller montierte.

In der Moto 2 sind Honda-Einheitsmotoren mit 600 cm^3 vorgegeben, die in frei wählbare Chassis gesetzt werden. Bei MZ war das 2010 ein Stahl-Gitterrohrchassis, das aus den geometrischen Daten der Honda CBR 600 und übriggebliebenen Rahmenteilen der MZ 1000 S konstruiert worden war. Als Fahrer setzten die Zschopauer den erfahrenen, 28jährigen Australier Anthony West ein, der sich achtbar schlug. Platz sieben im Portugal-Grand-Prix war seine beste Saisonplatzierung, mit insgesamt 26 Punkten landete er am Ende aber abgeschlagen auf Platz 23. Für die Saison 2011 verpflichtete das als MZ Racing Team auftretende Werk erneut Anthony West, dem als zweiten Fahrer Max Neukirchner zur Seite gestellt wurde. Angekündigt war, mit einem eigenen, völlig neu entwickelten Fahrgestell in die Rennen zu gehen, welches aber nicht rechtzeitig und schließlich überhaupt nie fertig wurde. So musste Anthony West mit dem in vielerlei Hinsicht überarbeiteten Vorjahreschassis vorlieb nehmen und für Max Neukirchner kaufte man kurzerhand ein englisches FTR-Fahrwerk, mit dem 2011 noch

Wie im Jahr zuvor war auch 2005 die Startnummer 111 die beste MZ in Oschersleben. Hier von Rico Penzkofer vorbildlich um die Kurve gejagt. (Foto: Rennsportarchiv Jordan)

Die Moto 2-MZ des Jahres 2010 mit einem Gitterrohrrahmen, mit dem es Fahrer Anthony West nicht immer leicht hatte. (Foto: Archiv Motorbuch Verlag)

Grand Prix Indianapolis, 29 August 2010: Anthony West fährt die MZ auf einen beachtlichen 10. Platz. (Foto: Archiv Motorbuch Verlag)

Beim Grand Prix im spanischen Aragón am 18. September 2011 sah man Anthony West vor seinem Teamgefährten Max Neukirchner. Als 11. und 13. kamen sie ins Ziel. (Foto: Archiv Motorbuch Verlag)

zehn weitere Fahrer in der Moto 2 unterwegs waren. West war mit dieser Situation unzufrieden und erhielt ab dem Frankreich-Grand-Prix in Le Mans ebenfalls eine FTR-Maschine.

Zwei Vierte Plätze waren die beste Ausbeute für das MZ-Team im letzten Jahr des Straßenrennsports für die Zschopauer Marke. In der Endabrechnung landeten Neukirchner und West auf den Plätzen 20 und 22.

Mit dem Ausstieg von Ralf Waldmann und der Pleite des Elektromotoren-Herstellers Clean Mobile, der die Motoren für die E-Bikes und den Charly lieferte, geriet MZ wieder einmal derart in finanzielle Schieflage, dass alle Rennsportpläne für 2012 aufgegeben und am 07. September Insolvenz angemeldet werden musste.

Große Freude bei Anthony West – Rang vier beim Saisonabschluss in Valencia. (Foto: Archiv Motorbuch Verlag)

Anhang

Abbildungen

Archiv Frank Rönicke, MZ / MuZ, Ralf Christian Kunkel,
Klaus Kühn mz-es.de, FOTOPROJEKT Röhrsdorf, Rennsportarchiv Jordan,
Günter Geyler, Bike-ourius, jochenjena, MZ-Nico, Ghm77,
Motorradmuseum Augustusburg, Christian Steiner, Archiv Motorbuch Verlag,
Andreas Seipelt

Sollte der Autor unwissentlich urheberrechtlich anderweitig geschützte Bilder verwendet haben, wird um Benachrichtigung gebeten.

Danksagung

Für die Unterstützung bei der Textgestaltung bedanke ich mich bei Michaela Hesslinger, Igersheim

Für die Fotomotive bedanke ich mich bei Ulrich Grimm, Wittenberg
Michael Steinbach, Goltewitz; Stephan Hermann, Oranienbaum; Gerd Thiele, Wittenberg; Moritz Haase, Großpösna; Familie Rietdorf, Wittenberg; Holger Henn, Blankenfelde; Til Walter, Blankenfelde; Thomas Reinhardt, Leipzig

Weiterführende Literatur

DKW – Die Geschichte der legendären Marke, von Frank Rönicke, Motorbuch Verlag Stuttgart 2018
Die vollständige Geschichte der Marke DKW von ihren Anfängen in Zschopau bis zum Ende 1980 in Nürnberg. Alle Motorräder, alle Automobile und ausführlich die Rennsportgeschichte

Made in Zschopau – Motorräder mit Herz, von René Zapf, Chemnitzer Verlag 2012
Die sehr ausführliche Geschichte von MZ / MuZ nach 1990 bis zum bitteren Ende, Serienmotorräder, Renngeschehen, Motorradreisen und Firmeninternas

Ein Leben auf zwei Rädern – die MZ-Legende Harald Sturm, von Stefan Geyler, Chemnitzer Verlag 2017
Neben der Biografie von Harald Sturm findet sich in diesem Buch viel Geländesport rund um die Marke MZ und rund um Zschopau

Gestohlene Geschwindigkeit – Der größte Spionageskandal der Motorsportgeschichte, von Mat Oxley, NOTschriften Verlag Radebeul 2017
Die Geschichte des talentiertesten DDR-Rennfahrers Ernst Degner, seine Flucht, seine Siege, sein Niedergang und viel MZ-Renngeschehen